食品安全
治理体系现代化

Modernization of
Food Safety Governance System

牛亮云　著

序言
PREFACE

党的十九大报告明确指出，中国特色社会主义进入了新时代。新时代我国社会的主要矛盾已经转化为人民日益增长的美好生活需要和不平衡不充分的发展之间的矛盾。新时代我国的社会矛盾仍然很多，其中人民群众对吃得放心和吃得安全的需要与食品安全风险高发间的矛盾，是关系人民群众切身利益、经济发展和社会稳定以及国家形象的重大问题。尽管随着食品安全监管的不断加强，尤其是党的十八大以来，党中央把食品安全提升到国家战略的高度，通过实施食品安全战略，推行了一系列重大改革举措，食品安全形势总体稳定且趋势向好，但是，人民群众对食品安全的满意度与全面建成小康社会的客观要求之间仍有一定的差距。食品安全风险仍是我国现阶段的一个重要社会风险。

本书是从公共物品理论角度出发，基于地方政府负总责的视角，较为全面和客观地反映我国如何监管和治理食品安全风险的学术成果，不仅为进一步认识和完善我国食品安全监管体制提供了可参考的理论框架，也为防控食品安全风险探索了现实路径，具有以下三个鲜明的特点。

第一，基于公共物品理论展开研究。国内外学者多从信息不对称视角认识食品安全风险产生的原因，并采用可追溯、标志认证等信息工具尽可能消除信息不对称现象，完善市场机制，解决食品安全风险问题，却忽视了食品安全的公共物品属性。从公共物品理论入手探讨食品安全风险的产生和治理，为研究食品安全问题提供了新的视角。

第二，探讨了食品安全监管的纵向体制。我国长期采用“分段监管为主、分品种监管为辅”的多部门分段监管体制，在一定程度上存在部门间的职责划分和统筹协调上的混乱，时常为人诟病。因此，国内外学者多从多部门分段监管体制出发，探讨集中统一监管体制的优势和改革思路，却忽视了食品安全监管体制上中央政府和地方政府间事权划分的合理性等问题。探讨食品安全监管的纵向体制有助于深入认识和改进我国的食品安全监管体制。

第三，探讨了地方政府弱化食品安全监管的原因和中央政府的对策。国内外学者多从地方政府完全理性和政府良治的角度出发，探讨地方政府应该如何完善监管制度和监管工具，却忽视了地方政府因激励扭曲、规制俘获等而弱化监管的问题。将地方政府的利益偏好纳入分析框架中，有助于更全面和客观地认识现实中存在的监管失灵问题，同时也可以为中央政府精准施策促使地方政府加强食品安全监管提供决策参考。

中国的食品安全监管应具有国际视野，但更重要的是要立足中国实际，体现中国特色。本书所作研究借鉴国际食品安全监管的理论和实践成果，基于中国实际，体现中国视角，展现出“本土化”特质，为我国食品安全和食品安全监管的研究提供了新思路，尝试了新方法，探索了新路径。

摘要
ABSTRACT

党的十九届四中全会明确提出，要大力推进国家治理体系和治理能力现代化。食品安全治理体系的现代化是国家治理体系和治理能力现代化的重要组成部分。进入新时代以来，“人民日益增长的美好生活需要”对食品安全提出了更高的要求。如何完善食品安全监管体制，推进食品安全治理体系现代化，降低食品安全风险，让人民群众吃得放心和吃得安心，是一个具有重要现实意义的研究课题。

根据《中华人民共和国食品安全法》等法律法规的规定，在食品安全监管上，我国采用地方政府负总责制度，即地方政府统一领导、组织和协调本行政区域内的食品安全监督管理工作。但是，已有的研究往往把政府看作一个整体，将食品安全监管体制等作为研究重点，没有把中央政府和地方政府区分开来，忽视了地方政府这个关键变量。如果不把中央政府和地方政府区别开来，就无法解释现实中的很多现象。例如，现实中为什么地方政府往往在交通等基础设施上加大人力、物力和财力投入力度，在食品安全监管上的投入却相对较少？为什么部分地方政府出台了严厉的食品安全监管措施，却又在实践中没有严格落实？围绕地方政府负总责探讨食品安全的供给问题，对进一步完善食品安全治理体系，实现食品安全治理体系现代化，具有重要意义。这也是本书的核心问题。围绕这个核心问题，本书分三部分重点研究以下三个问题。

一是研究中央政府和地方政府事权划分的合理性问题。这一部分考虑产业集中度和地方政府的责任意识，分析了地方政府负总责制度的合理性，并横向考察了美国以联邦政府监管为主的协同式监管的合理性。研究发现，美国以联邦政府监管为主的协同式监管与美国产业集中度高和州政府责任意识强的国情是吻合的。以地方政府为主且强调地方政府责任的地方政府负总责制度，在一定程度上和我国食品产业的现状以及地方政府的责任意识相对薄弱的基本国情是吻合的。但是，地方政府负总责制度可能在一定程度上弱化了中央政府供给全国性食品安全的责任和能力。

二是研究地方政府弱化监管的问题。这一部分研究了食品安全监管中的激励扭曲问题、地方政府被食品企业俘获的规制俘获问题以及地方政府监管意愿和行为的背离问题。研究发现，官员的年龄和任期、现行未充分考虑公众满意度的食品安全绩效考核体系以及中央政府对经济发展的强激励等扭曲了地方政府的监管行为。地方政府和食品企业对损失的厌恶程度、对风险的态度以及对规制俘获被发现的概率的主观感知等影响着地方政府和食品企业的俘获决策。声誉缺失、问责不力、社会主体的监督不够等是一些地方政府被食品企业俘获的重要原因。此外，地方政府的认知短视导致了监管意愿和行为的背离，造成制定监管文件却落实不到位的现象。

三是研究单一行政监管向社会治理的转变问题。这一部分探讨了社会共治的必要性和治理方式，横向比较了不同国家公众参与的区别，实证研究了影响消费者投诉举报意愿以及食品企业自律的主要因素。研究发现，社会共治是弥补市场和政府双失灵的有效手段。社会主体参与和食品企业自律是社会共治的重要组成部分。我国应该根据基本国情合理制定公众参与立法、司法和执法的相关制度。我国消费者投诉举报的意愿不高，奖励力度较低和保密措施不完善等是显著影响因素。研究还发现，不同食品企业在自律程度上差异较大。行政处罚和财政补贴等行政措施以及协会指导、媒体曝光等社会治理手段是影响食品企业自律的显著因素。

本书的创新点主要有以下几点。一是从新的视角分析地方政府负总责的合理性。不同学者对地方政府负总责的合理性有不同的认识，本书将产业集中度和地方政府的责任意识纳入分析框架，从新的视角分析地方政府负总责的合理性，有助于为进一步厘清中央和地方的关系并完善食品安全监管的纵向体制提供理论依据。二是将新的因素引入食品安全监管研究中。例如，针对已有的政企合谋研究建立在期望效用理论基础上，忽视了博弈主体的心理因素的缺陷，本书考虑心理因素，将行为经济学的前景理论纳入合谋监管博弈模型中，明确了博弈主体对损失的厌恶程度和对风险的态度等心理因素对合谋和合谋监管的影响，丰富了对地方政府和食品企业的合谋问题的研究。三是尝试了新的方法。在食品企业自律的研究上，已有的研究以二元 Logistic 模型为主要工具，忽视了不同企业自律程度的差异，本书用食品添加剂规范使用行为数量来反映企业自律程度的差异，采用有序多分类 Logistic 模型展开研究，实证分析了影响企业自律的显著因素，可以在一定程度上弥补现有研究的不足。

由于笔者的水平和时间所限，本书也存在不足之处。例如，政府信息公开不足，数据来源有限，指标选取存在争议，等等，导致实证研究不充分。此外，食品安全监管是一个多学科交叉的问题，但本书主要从经济学角度展开研究，因此结论尚待检验。

目录
CONTENTS

第一章 导 论

一 研究背景与问题

（一）研究背景

民以食为天，食以安为先。食品是人类赖以生存和发展最基本的物质条件。国家统计局（2017）的数据显示，2013~2016 年全国居民年人均主要食物的消费量分别为 361.8kg、357.4kg、356.1kg 和 361.4kg。从数量上看，我国的食品生产总体上已基本满足 14 亿人口的需要。但是，食品质量安全供给不充分不平衡的问题却日益凸显。尤其是随着食品供应链的不断延长和日益复杂化，食品安全风险日趋增加，食品安全事件时有发生。李锐等（2017）应用大数据挖掘工具的研究显示，2007~2016 年全国共发生食品安全事件 256287 起，平均每天约发生 70.2 起，涉及肉制品、调味品、饮料、乳制品、粮食加工品和方便食品等几乎所有食品种类。

食品安全风险会对人体产生急性或慢性的健康危害。例如，在 2008 年的三聚氰胺婴幼儿奶粉事件中，全国累计筛查婴幼儿 2238 万余人，其中泌尿系统出现异常的患儿高达 29.6 万人[①]。此外，大量的科学研究证实，食用超过限量的人工合成的食品添加剂可能会导致中枢神经系统、消化系统、呼吸系统等不良反应，严重的甚至引发癌症等恶性疾病。长期食用农药残留超标的蔬菜会影响人的神经系统，导致头昏多汗、全身乏力、恶心

① 数据来源于卫生部在 2008 年 12 月 1 日的通报，统计时间截至 2008 年 11 月 27 日 8 时。

呕吐、腹痛腹泻等症状，严重的甚至会致人死亡。食用受到细菌和细菌毒素、霉菌与霉菌毒素，以及病毒等污染的食品则可能出现低烧、腹泻等症状，还可能导致脑脊髓膜炎和败血症等。面对严峻的食品安全形势和严重的健康危害，广大消费者陷入了不同程度的食品恐慌之中。《小康》杂志联合清华大学媒介调查实验室对“最受关注的十大焦点问题”调查显示，2012~2017 年，社会公众对“食品安全”的担忧连续六年位居榜首。

党的十八大以来，中央领导集体高度重视食品安全治理体系建设。2013 年 3 月，中央实施了新一轮的食品药品监管体制改革。这是党的十八大后实施的第一个具有全局意义的重大改革。2013 年 11 月召开的党的十八届三中全会提出了全面深化改革，推进国家治理体系和治理能力现代化的总体要求，其中便包含食品安全体制机制改革。2014 年 10 月召开的党的十八届四中全会提出了加强公共安全立法、推进公共安全法治化的要求。2015 年 10 月召开的党的十八届五中全会在新中国的历史上第一次鲜明地作出了建设“健康中国”、实施“食品安全战略”的重大决策，将建设“健康中国”与实施“食品安全战略”融为一体，实现了“食品安全战略”和“健康中国”建设在保障人民群众饮食用药安全上的高度统一。2015 年 10 月 1 日，新修订的被称为“史上最严”的《中华人民共和国食品安全法》（以下简称《食品安全法》）正式实施，确立了食品安全社会共治的原则。党的十九大报告再次重申实施食品安全战略，让人民吃得放心。

在现阶段我国的食品安全监管中，中央政府主要负责宏观上的统筹协调和监督指导。地方政府是中央政府食品安全决策的执行者。地方政府能否落实自身的监管责任直接或间接影响着整个社会的食品安全。为了督促地方政府重视食品安全问题，中央政府要求地方政府对辖区内的食品安全工作负总责。但是，从近年的食品安全事件可以发现，部分地方政府的监管不力却偏偏成为发生食品安全风险的重要原因。例如，以中小食品企业为主的产业特征往往被视为我国食品安全风险高发的重要原因。但是，纵观近年来的食品安全事件可以发现，大型企业和知名企业等频频成为事件的主角。如 2008 年的三聚氰胺婴幼儿奶粉事件、2011 年的双汇“瘦肉精”事件和 2014 年的福喜事件中牵涉的三家企业都是规模较大、品牌价值较高的企业。上述三起事件都不同程度地暴露出地方政府监管不力的问题。

当前，食品安全风险仍然是风险社会情景下中国面临的重要社会风险。党的十九大报告明确指出，当前社会的主要矛盾是“人民日益增长的美好生活需要和不平衡不充分的发展之间的矛盾”。“人民日益增长的美好生活需要”也对食品安全提出了更高的要求。食品安全成为关系人民群众切身利益、经济发展和社会稳定，以及国家形象的重大问题。因此，探讨地方政府负总责模式下我国食品安全监管存在的主要问题以及应该如何应对，是一个很具有现实意义的课题。

（二）问题提出

食品安全监管体制是指食品安全监管中国家机关的机构设置、隶属关系和权力划分等具体体系和组织制度的总称，包括横向权力配置和纵向权力配置两个方面。横向权力配置反映的是监管的机构设置、隶属关系和权力划分等问题。纵向权力配置反映的是中央政府和地方政府的事权划分等问题。中央政府要科学合理地配置中央政府与地方政府之间的监管权，以保证监管的有效性（王耀忠，2005）。

在食品安全监管的纵向体制上，地方政府负总责是我国的一项基本制度。地方政府在中央政府的授权下落实食品安全工作。食品安全工作的质量直接取决于地方政府的监管绩效。但是，已有的研究往往把政府看作一个整体，将食品安全监管体制等作为研究重点，没有把中央政府和地方政府区别开来，忽视了地方政府这个关键变量。如果不把中央政府和地方政府区别开来就无法解释现实中的很多现象。例如，现实中为什么地方政府往往在交通等基础设施上加大人力、物力和财力投入力度，在食品安全监管上的投入却相对较少？为什么部分地方政府出台了严厉的食品安全监管措施，却又在实践中没有严格落实？

党的十九届四中全会明确提出，要大力推进国家治理体系和治理能力现代化。食品安全治理体系的现代化是国家治理体系和治理能力现代化的重要组成部分。地方政府负总责是我国食品安全监管上的重要和基本的制度安排。围绕地方政府负总责探讨食品安全的供给问题，对进一步完善食品安全治理体系，实现食品安全治理体系现代化具有重要意义。这也是本书的核心问题。同时，这个核心问题又可以被分为三个小问题。

1. 中央和地方事权划分的合理性问题

我国的食品安全监管责任主要是由地方政府承担的，但是与我国采用地方政府负总责的制度安排不同，发达国家的食品安全监管责任主要是由中央（联邦）政府来承担的。例如，美国采用的是以联邦政府的监管为主的协同式监管，并实行监管机构垂直一体化监管的模式。那么，为什么中国采用的是地方政府负总责的监管模式，而美国采用的是以联邦政府的监管为主的监管模式？以地方政府的监管为主的地方政府负总责的监管模式和发达国家以中央（联邦）政府的监管为主的监管模式，哪一种模式更符合我国的国情呢？

2. 地方政府弱化监管的问题

地方政府负总责的初衷是让地方政府有效地提供组织、资金和人员等保障，完成中央政府设定的食品安全监管目标。在完不成目标时，地方政府必须承担相应的责任，以此促使地方政府真正转变观念，形成有效的激励约束机制，更好地履行食品安全监管职责。但是现实中，出于激励扭曲、规制俘获等原因，地方政府可能不但不会强化食品安全监管，反而会弱化监管。例如，经济增长是政绩考核的重要指标。为追求政绩，一些官员可能会为追求经济增长而对本地食品企业进行扶持和保护，甚至为经济发展而弱化食品安全监管。因此，中央政府以经济增长为核心的政绩考核体系可能会弱化地方政府的食品安全监管。那么，哪些制度可能会扭曲地方政府负总责的制度安排呢？应该如何完善相关制度以规避地方政府负总责模式下的制度扭曲呢？

3. 单一行政监管向社会治理的转变问题

地方政府能够分配给食品安全监管的行政资源是短缺的，而且食品企业的数量庞大，地方政府不可避免地要面对相对有限的监管资源和相对无限的监管对象的矛盾。因此，单纯依靠地方政府的行政监管无法保障食品安全，地方政府监管也可能是失灵的。然而，通过公众社会自主治理方式提供公共物品也是一种重要途径（埃莉诺·奥斯特罗姆，2000）。因此，将社会主体也纳入食品安全治理体系，在行政监管上从单一政府供给转向多元主体共同供给是必然选择。那么，社会主体如何参与到食品安全社会共治体系中来？社会主体参与食品安全社会共治的意愿如何？影响社会主体参与食品安全社会共治的主要因素有哪些？

上述三个问题相互联系，相辅相成。只有回答了上述三个问题，才能够科学和客观地理解地方政府负总责模式所面临的现实问题，以及未来应该如何完善我国的食品安全监管体制。

二　概念界定

（一）食品安全

1948 年，《世界人权宣言》（Universal Declaration of Human Rights）最早提出人类的一项基本人权——食物权（the Right to Food）。基于满足食物权的要求，食品安全的内涵主要包括两个层面。一个是食品量的安全（Food Security）。1974 年，联合国粮农组织（Food and Agriculture Organization of the United Nations，FAO）在世界粮食大会上通过的《世界粮食安全国际约定》从食物满足人们基本需要的角度第一次明确提出：作为一项基本的生活权利，食品的数量安全就是要“保证任何人在任何地方都能够得到为了生存和健康所需要的足够食品”。这个概念确定了食品的数量安全的三个基本内涵，即生产足够的食物、保证充足的供应和每人都可购买需要的食物。

另一个是食品质的安全（Food Safety）。根据我国《食品安全法》的解释，食品安全指食品无毒、无害，符合应当有的营养要求，对人体健康不造成任何急性、亚急性或者慢性危害。食品量的安全和食品质的安全是食品安全概念内涵中相互联系又相互区别的两个方面。当前，国内外消费者对食品安全的关注和担忧主要源自食品中的风险因子对健康的潜在危害。因此，当前在我国，学术界在食品安全的内涵上更关注食品质的安全，而相对弱化食品量的安全。本书也主要关注食品的质量安全。如无特殊说明，本书的食品安全指的是食品的质量安全或者食品质的安全。正确认识食品安全应该注意如下四个问题。

第一，食品安全与否往往以是否符合食品安全标准为判断依据。绝对的食品安全是不存在的。食品安全标准是为了保证食品安全，对食品生产经营过程中影响安全的各种要素以及关键环节所规定的统一技术要求。食品安全标准包括国家标准、地方标准、行业标准和企业标准等。国家标准是最低水平的食品安全标准。虽然比较低，但国家标准足以确保消费者的健康和安全。地方政府、行业和企业等可以制定更高的标准，如地方标准、行业标准和企业标准。

第二，食品安全是一个整体性概念。某食品符合国家的食品安全标准，我们可以说该食品是安全的。这里的安全是特定食品的一个属性。但是，作为颇受当前社会关注的一个重要概念，食品安全是一个整体性概念，强调的是整个社会的所有食品都应该符合国家标准，都应该是安全的。

第三，食品安全是一个动态的概念。食品安全标准反映的是特定时代的现实要求。随着经济社会的快速发展和技术的不断进步，食品安全标准在不断调整和变化，食品的安全水平也会随经济社会的发展和技术的进步而不断提高，因此食品安全是一个具有时代性的动态概念。

第四，食品安全具有公共性。根据世界卫生组织（World Health Organization，WHO）的定义，食品安全是“食物中有毒、有害物质对人体健康产生影响的公共卫生问题”。作为一个公共卫生问题，食品安全的公共性毋庸置疑。为强调食品安全的公共性，部分学者甚至将食品安全称为公共食品安全。

食品安全的概念含义很广，非常复杂。除了从数量和质量两个层面理解外，部分学者或政府文件认为，食品安全还应该包括食品可持续安全（即食品供给既要满足当代人的需要，也要满足子孙后代的需要），以及营养安全（即食品还应该包含应有的营养成分）等含义。可持续安全和营养安全的内涵超出了本书的研究范畴，不属于本书的讨论范围。

（二）食品安全监管

食品安全是公共物品，食品安全监管则是政府供给公共物品的行为和方式。从广义上看，食品安全监管包括的范围很广，监管制度、法律法规、食品安全标准、行政执法、监督抽检等都属于食品安全监管的范畴。从狭义上看，食品安全监管一般仅指行政执法和监督抽检等具体管理活动。例如，根据 Henson 和 Caswell（2004）的定义，食品安全监管是监管机构为了增进社会福利，为消费者提供安全食品以维护公共健康和安全，依据法律法规的授权对从事食品生产、加工、流通和销售的企业开展的监督管理活动。

本书对食品安全监管的界定更接近于狭义的认识，主要强调食品安全监管中的行政管理活动。正确认识食品安全监管应该注意如下两个问题。第一，食品安全监管的目标是确保所有的食品都符合国家标准。食品的安全水平肯定是越高越好，但与此同时，安全水平越高的食品，价格也更高。但食品安全监管的基本目标是确保所有的食品都符合国家标准。高于国家标准的食品则应该由市场根据价格机制来供给。第二，食品安全监管的核心工作是行政执法和监督抽检等。为确定食品是否符合国家标准，监管部门应该通过监督抽检来辨别；同时，为促使食品企业安全生产，行政执法必不可少。因此，虽然食品安全监管包括的范围很广，但是从狭义的监管来看，核心的工作是行政执法和监督抽检。

需要说明的是，政府的监管并不总是有效的，也可能会出现政府失灵。一般而言，所谓的政府失灵是指政府在对经济、社会生活进行干预的过程中，因自身的局限性或其他客观因素制约而出现新缺陷，使得社会资源配置无法达到最佳状态。由于角度和侧重点不同，不同的学者对政府失灵的范畴和界定存在差异，对政府失灵的表现形式和产生原因也有不同的认识。本书主要从利益偏好和行政资源短缺两个角度来认识政府失灵。

（三）地方政府

广义的政府包括立法机关、行政机关、司法机关、军事机关。狭义的政府仅指行政机关。本书的“政府”采用狭义的概念，包括政府及其下属的承担食品安全监管职责的职能机构。地方政府是指管理特定行政区域的事务的政府组织的总称。根据我国宪法的规定，地方政府是指省、直辖市、县、市、市辖区、乡、民族乡、镇设立的人民政府。然而，美国把政府分为联邦政府（Federal government）、州政府（State government）和地方政府（Local government）。美国的地方政府一般是指州以下（不包括州）的政府。

一般意义上，中央政府和地方政府的关系指的是中央政府和省级政府的关系。但是，根据《食品安全法》等的规定，县级以上政府对本辖区的食品安全事务承担主要监管责任。因此，考虑到我国地方分权以及地方政府负总责的实际情况，本书的地方政府不仅限于省级政府，还包括地市级政府和县级政府，但不包括乡镇级政府。但是，在考察美国的监管体制时，本书的地方政府指的是美国的州政府和州以下的地方政府。

地方政府的监管责任包括两层意思：一是指中央政府赋予地方政府进行食品安全监管的岗位职责；二是指地方政府没有做好自己的本职工作而应承担的不利后果或强制性义务。

地方政府的监管模式包括行政管理模式和社会治理模式。行政管理模式指的是基于大政府和小社会的格局，由政府采用行政方式承担几乎所有的食品安全监管活动的模式。社会治理模式指的是基于小政府和大社会的格局，以政府主导、社会主体广泛参与的方式，共同实现食品安全监管目标的模式。根据《食品安全法》等法律法规的规定，采取食品安全风险的社会治理模式，就是要建立消费者、食品企业、政府部门和第三方机构等主体共同参与和合作治理的食品安全社会共治体系。

（四）社会共治

社会共治是在社会治理的基础上提出的一个全新的概念，是食品安全治理中的一个新原则、新理念。学术界、政府和社会等对社会共治的基本内涵、内在逻辑等重大理论问题的研究尚处于起步阶段。因此，对社会共治尚没有一个统一、明确的界定。本书认为，所谓食品安全社会共治，就是指食品安全的供给不能仅仅依靠政府和监管部门的单打独斗，应当调动社会主体的积极性，让社会主体参与到食品安全供给中来，形成工作合力，达到良好的食品安全治理效果。

社会共治的主体包括政府、食品企业以及公众和行业协会等社会力量。其中，政府的作用是构建保障市场与社会秩序的制度环境、紧密和灵活的治理结构，以及政府与企业、社会友好合作的伙伴关系等。食品企业的作用是通过加强企业自律与自我管理等加强食品安全控制，并向消费者传递安全信息。社会力量的作用体现在公众、行业协会、新闻媒体等通过投诉举报、协会自律、舆论曝光等方式积极参与食品安全供给。

三 理论视角

食品安全监管的本质是什么？这是本书的理论起点。要厘清食品安全监管的本质就必须首先明确食品安全的本质。现有的大量研究主要是从信息不对称的角度来认识食品安全的，并认为信息不对称导致的市场失灵是产生食品安全问题和进行食品安全监管的原因。但是本书认为，食品安全是人类最基本的生存需求，是最基础的公共卫生问题。保障整个社会的食品安全是政府的应有职责。因此，本书选择食品安全的公共物品属性作为理论视角。

食品安全指的是整个社会的所有食品都应该无毒无害并符合食品安全标准，且不会对消费者的健康和安全造成危害。随着经济社会的发展、食品新技术的广泛应用、新的食品安全风险因子的不断出现，以及食品贸易的全球化，食品安全日益成为国家乃至世界面临的一个根本性的公共卫生问题。公共卫生毫无争议地被认为是政府必须提供的经典的公共物品之一，食品安全属于公共卫生的范畴，因此食品安全属于公共物品。

学术界的众多学者也都认为，食品安全是公共物品。如 Stenger（2000）认为，与营养价值一样，安全也是食物的属性。但安全没有明确的价格，无法由市场提供，因此食品安全是公共物品。Unnevehr（2007）认为，食品安全不仅仅是地方性或全国性的公共物品。随着食品体系的全球化，食品安全风险加大，食品安全日益成为一个全球公共物品。

食品安全具有公共物品的三个特征（Serences & Rajcaniova，2007）。第一，效用的不可分割性。食品安全是向整个社会提供的，而不是仅仅向某些特殊群体或成员提供的。如果将食品安全分割并重新分配，必然会严重损害一部分人的身体健康，甚至会引发严重的社会矛盾。因此，食品安全具有效用的不可分割性。第二，消费的非排他性。某个人对食品安全的消费不会影响或排斥其他人对食品安全的消费。因此，食品安全具有消费的非排他性。第三，消费的非竞争性。任何人对食品安全的消费并不减少它对其他使用者的供应，即消费者增加的边际成本为零。即使人口数量不断增长，也不会有任何人因此而减少其所享受的食品安全保障，因此食品安全具有消费的非竞争性。

理所当然地，食品安全是公共物品。而且从本质上看，食品安全和国防是一样的。二者的区别仅仅是：国防保护国民免受外来入侵的安全风险，而食品安全保护国民免受不安全食品带来的风险。因此，食品安全也应该和国防一样属于公共物品，而只有政府才能够提供全社会的食品安全。但有部分学者认为，食品安全监管属于公共物品，而不是食品安全属于公共物品。实际上，不论认为食品安全监管属于公共物品，还是认为食品安全属于公共物品，学者们所考虑的问题的本质是一样的，只是出现了表述上的差异。

本书更倾向于采用食品安全属于公共物品的说法。原因有二，一是不论是私人物品还是公共物品，它们最终的用途都是供消费者消费。在消费者消费食品安全和消费者消费食品安全监管两种表述上，显然第一种说法更好。二是根据世界卫生组织的定义，食品安全属于公共卫生问题。公共卫生属于公共物品，因此食品安全也属于公共物品。但如果说食品安全监管属于公共卫生问题，这显然是令人费解的。实际上，如同食品企业通过生产活动供给食品一样，政府是通过食品安全监管供给食品安全。食品是消费者消费的私人物品，食品安全则是消费者消费的公共物品。因此，食品安全监管仅仅是政府供给食品安全的方式。从这个角度看，食品安全监管本质上是食品安全的供给问题。

四　内容与方法

（一）研究内容

围绕地方政府负总责模式下的食品安全监管问题这个核心，本书的主要研究内容如下。

第一章，导论。首先，从食品安全风险的危害、消费者的担忧、中央政府的重视以及地方政府的失职四个方面阐述了本书的研究背景，并围绕地方政府负总责这个基本的制度安排，提出了本书研究的主要问题。其次，明确界定了食品安全、食品安全监管、地方政府和社会共治四个基本概念的含义。再次，基于章节安排概述了研究内容，并阐述了主要的研究方法。最后，构建了本书的技术路线图并简述了本书的结构安排。

第二章，理论基础与文献综述。该章是本书的理论起点和研究基础。首先，从公共物品的基本含义和公共物品供给的分权原则和对等原则等方面梳理了公共物品理论的主要观点。其次，从公共物品的基本内涵、政府规制与公共物品以及政府规制与规制失灵三个方面梳理了政府规制理论的主要思想。再次，从发展过程、理论内涵以及社会治理与公共物品供给三个方面梳理了社会治理理论的发展脉络。然后，从食品安全监管的事权划分、地方政府弱化监管、食品安全社会共治三个方面梳理了国内外对食品安全监管问题的研究进展。最后，客观评述了现有研究的不足之处。

第三章，食品安全监管的地方政府负总责模式。该章是本书的现实起点。首先，概述了当前我国食品安全的总体形势和基本态势。其次，分析了地方政府负总责的基本内涵，梳理了自1949年中华人民共和国成立以来我国食品安全监管纵向体制的历史演变，描述了地方政府负总责制度的形成过程，并简述了地方政府落实食品安全监管的主要方式。

第四章，地方政府负总责模式下存在的三个问题：理论分析框架。该章是全书的理论核心。首先，从理论上分析了地方政府负总责模式下我国的食品安全监管所面临的三个问题，即中央政府和地方政府事权划分不合理、地方政府弱化监管以及单一行政监管因政府失灵而力不从心。其次，以食品安全的公共物品属性为理论视角，以上述三个问题为落脚点，构建了本书的理论分析框架。

第五章，中央和地方事权划分的合理性问题。首先，围绕第四章的理论分析框架，该章结合公共物品供给的分权原则和对等原则，以及食品安全的公共物品属性和受益范围，将食品产业的集中度和地方政府的责任意识纳入分析框架中，将理论和实证相结合，分析了地方政府负总责的制度安排与我国食品产业的集中度低和地方政府责任意识相对薄弱的基本国情的吻合之处，以及地方政府负总责弱化了中央政府的全国性食品安全监管所导致的低效问题。其次，以美国为例，梳理了美国食品安全监管的历史变迁过程，分析了美国以联邦政府监管为主的协同式监管的主要内容，并结合美国的食品产业集中度和地方政府的责任意识分析了协同式监管的合理性。最后，简要概述了德国、日本的中央（联邦）政府和地方政府的食品安全监管事权划分问题。

第六章，地方政府弱化食品安全监管的问题。围绕第四章的理论分析框架，该章首先采用信息经济学的双任务委托代理模型探讨了官员的年龄和任期、现行未充分考虑公众满意度的食品安全绩效考核制度以及中央政府以经济增长为核心的政绩考核体系等造成的地方政府弱化监管的问题。其次，从规制经济学的规制俘获理论切入，将行为经济学的前景理论和博弈模型结合起来，考虑了博弈主体的心理因素，研究了中央政府、地方政府和食品企业的三方博弈问题，探讨了地方政府被食品企业俘获的原因以及中央政府防范地方政府被食品企业俘获的策略选择。最后，采用行为经济学的双曲线贴现模型研究了地方政府的认知短视造成的监管意愿和行为背离的问题，解释了现实中地方政府在制定长期规划或制度时非常重视食品安全，但是又落实不到位的矛盾现象。

第七章，单一行政监管向社会治理的转变问题：构建社会共治体系。围绕第四章的理论分析框架，该章首先从市场失灵和政府失灵的角度分析了社会共治的必要性，并从社会主体参与和食品企业自律角度分析了社会共治的途径。其次，以公众参与为例研究了社会主体的参与方式。基于对美国、日本和中国的比较分析，探讨了三个国家在公众的立法参与、执法参与和司法参与上的联系和区别。再次，考虑到消费者投诉举报在社会共治体系中的重要作用，以消费者的投诉举报为例，实证研究了影响社会主体参与社会共治意愿的主要因素。最后，以食品添加剂的使用行为为例研究了影响食品企业自律的主要因素。

第八章，研究结论、政策建议与未来的研究方向。基于第五章、第六章和第七章的具体研究，该章首先简述了主要的研究结论。其次，针对采取地方政府负总责模式面临的三个问题，有针对性地提出了若干政策建议。最后，简述了未来的研究方向。

（二）研究方法

本书综合使用了文献研究法、比较研究法、均衡分析法、案例研究法、问卷调查法、计量模型分析法和专家访谈法等多种方法。其中，比较典型的研究方法主要包括以下几种。

（1）文献研究法。为深入理解和把握食品安全监管的研究脉络并确定本书的研究突破点，笔者在全面搜集和整理国内外相关文献资料的基础上，经过归纳整理和分析鉴别，明确了当前国内外研究存在的主要问题，为构建本书的理论分析框架奠定了坚实基础。

（2）计量模型分析法。在消费者投诉举报意愿的研究上，本书以山东省的数据为例，采用二元 Logistic 模型，研究了影响消费者投诉举报意愿的主要因素。在食品企业自律的研究上，已有的研究以二元 Logistic 模型为主要工具，忽视了不同企业自律程度的差异，本书用食品添加剂规范使用行为数量来反映企业自律程度的差异，并考虑了社会治理变量，采用有序多分类 Logistic 模型展开研究，实证分析影响企业自律的显著因素。

（3）比较研究法。根据国情差异，不同国家都应该在公共物品供给的分权原则和对等原则的基础上，合理划分中央政府和地方政府的食品安全监管事权。本书以美国作为中国的对比，探讨了美国食品安全监管事权划分的合理性问题。这有助于正确认识我国食品安全监管事权划分的合理性问题。食品安全监管的公众参与是一个新生事物，是一项重要的行政管理创新。为总结和引入国际经验，本书分别对日本、美国和中国的公众参与实践从立法参与、执法参与和司法参与三个角度进行了全方位的比较和分析。

（4）均衡分析法。鉴于期望效用理论认为行为主体是完全理性的，忽视了行为主体的心理因素的缺陷，本书将行为经济学中的前景理论纳入中央政府、地方政府和食品企业的博弈模型，研究了地方政府和食品企业合谋的均衡条件以及中央政府防范合谋的均衡条件。

五 结构安排

本书分四个部分，共八个章节。结构安排见图 1-1。第一部分为总论，包括两个章节，即第一章和第二章。

第二部分即第三章和第四章。本部分在理论基础和文献综述的基础上，结合对我国食品安全的总体形势的判断以及对地方政府负总责制度的构建背景、基本内涵和历史演变的研究，提出了地方政府负总责模式下我国食品安全监管面临的三个问题，并以这三个问题为核心构建了本书的分析框架。

第三部分由第五章、第六章和第七章组成。针对第四章提出的分析框架，本部分用三个章节的篇幅分别进行探讨和研究。

第四部分即第八章。

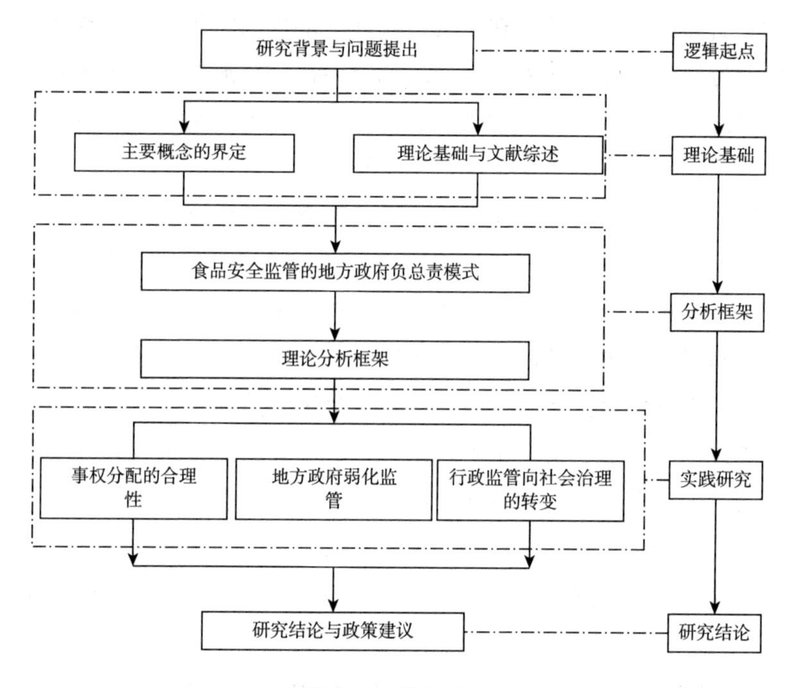

图 1-1　结构安排

第二章
理论基础与文献综述

本章是本书的理论起点和研究基础。基于食品安全的公共物品属性，本章首先梳理和研究了公共物品理论、政府规制理论以及社会治理理论的研究脉络和主要观点。然后，基于国内外已有的研究文献，从央地事权划分与食品安全供给、地方政府弱化监管，以及食品安全社会共治三个方面介绍了食品安全监管的研究进展。

一　公共物品理论

由于具有消费的非竞争性和非排他性，公共物品的私人消费不用付出代价，这样市场价格机制就起不到调配资源的作用，从而会导致市场失灵，进而使资源配置无法实现帕累托最优。在市场失灵的情况下，政府应该承担起供给公共物品的责任。

（一）公共物品的基本内涵

公共物品是相对于私人物品而言的。Head 和 Shoup（1969）根据相对成本标准或经济效率标准划分公共物品和私人物品。他们认为，任何商品或服务既可以由市场提供也可以由政府提供。如果由市场提供更有效率，那么该商品或服务为私人物品。如果由政府提供更有效率，那么该商品或服务为公共物品。

最经典和最严格的公共物品定义是由萨缪尔森（Samuelson，1954）提出的。萨缪尔森认为，公共物品是集体中所有成员可以同时享有的物品，而且每个人对该物品的消费都不会减少其他社会成员对该物品的消费。

萨缪尔森的公共物品概念强调了公共物品的非排他性特征。非排他性是指任何社会成员都不能排斥其他社会成员对该物品的消费，或者由于技术上的不可行或成本过高，任何社会成员都无法排除其他社会成员从该物品上受益。马斯格雷夫（Musgrave，1959）拓展了萨缪尔森提出的判断公共物品的单一标准，提出了判断公共物品的另一个标准，即消费的非竞争性。非竞争性是指该物品的边际生产成本和边际拥挤成本为零。增加一个社会成员并不会增加成本，同时也不会影响其他社会成员的消费数量和质量。此外，马斯格雷夫还将消费的非竞争性的严格规定置换为“存在消费上的受益外部性”。除了消费的非排他性和非竞争性外，公共物品还具有效用的不可分割性。这构成了公共物品的三个特征，并成为判定一个物品是否为公共物品的主要依据。然而，公共物品并非都是绝对具有非排他性和非竞争性的。詹姆斯·M. 布坎南（2009）在公共物品二元特征尺度的基础上，根据消费过程中的“拥挤”现象，将具有排他性与非竞争性特征的公共物品描述为俱乐部物品。与詹姆斯·M. 布坎南相对，埃莉诺·奥斯特罗姆则将具有非排他性和竞争性的公共物品描述为“公共池塘资源”。

根据公共物品的消费特征（即受益范围），公共物品可以分为全国性公共物品和地方性公共物品。20 世纪 50 年代中期，查尔斯·蒂布特（Charles Tiebout，1956）最早创造性地提出了地方性公共物品的概念。地方性公共物品的受益范围是某个特定的地区。以城市治安为例，A 城市的治安状况良好能够使本地区的居民受益。但是，A 城市的治安状况给与 A 城市邻近的 B 城市的居民带来的收益却很小，与 A 城市距离较远的 C 城市的居民获得的收益更小。因此，城市治安可以视为受益范围仅限于本地区的地方性公共物品。全国性的公共物品的受益范围并不局限于某个特定地区，受益对象扩展到整个国家的全体居民，例如国防、外交和基础科学研究等。而实际上，除了国防、外交和基础科学研究等外，大多数公共物品都属于地方性公共物品。但是，也有一部分公共物品并非单纯的地方性公共物品，也不是单纯的全国性公共物品，而是既是地方性公共物品，同时又是全国性公共物品。

（二）公共物品的分权供给

政府具有层级结构，可以分为中央政府和地方政府。那么，中央政府还是地方政府供给公共物品更加合理呢？马斯格雷夫和萨缪尔森等认为公共物品在支出水平上不存在“市场解”。因此，公共物品应该由中央政府集权供给。地方政府的分权供给不能实现公共物品供给的高效率。但是，查尔斯·蒂布特（1956）从地方性公共物品入手提出了分权有助于地方性公共物品供给的观点，引起了经济学家对公共物品的供给应该由中央政府集权供给还是应该由地方政府分权供给的讨论。在研究中，蒂布特构建了一个用居民的偏好来反映公共物品供给效率的模型，通过分析和讨论发现，地方政府能够识别居民的真实偏好，分权可以让居民自主选择适合自己偏好的地方政府，因此如果可以自由流动，那么居民就可以自动选择适合自己偏好的地方政府。这种“用脚投票”的机制就可以激励地方政府提高公共物品的供给效率。相反，如果中央政府负责公共物品的供给，那么中央政府只能根据居民的偏好统一供给公共物品。在信息不对称的情况下，居民的真实偏好难以被识别，公共物品的供给会被扭曲并导致公共物品供给的低效率。

虽然蒂布特的模型充分说明了地方政府提供公共物品是有效率的，但是该模型是建立在苛刻的假设条件基础上的。这些假设条件与客观现实并不吻合，因此该模型广受质疑和批评。而且该模型是建立在地方政府之间会因为公共物品的供给展开竞争的基础上的，如果完全由地方政府分权供给公共物品，则必然会导致公共物品供给的地区差异逐步扩大。例如，富人会逐渐聚集到公共物品供给更好的地区，穷人则逐渐聚集到公共物品供给较差的地区，此时为了对不同地区和不同群体的公共物品供给差异进行调整，中央政府就有必要集权供给公共物品。

1972 年，华莱士·E. 奥茨（Wallace E. Oates）在《财政联邦主义》一书中运用福利经济学的分析方法，提出了公共物品供给的“分权定理”，明确了分散化提供公共物品的比较优势。这就表明即使不存在居民的自由流动，地方政府分权供给公共物品仍然是合理的。奥茨（2012）认为，地方政府更了解辖区内民众的效用、需求和偏好。在中央政府和地方政府的公共物品单位供给成本相同的条件下，让地方政府为辖区内的民众提供一个帕累托有效的产出量比让中央政府向全体民众提供特定且一致的产出量要更加有效。实际上，“分权定理”证明了当中央政府和地方政府能够提供相同的公共物品时，由地方政府提供的效率更高，而且分权的收益与公共物品需求的变异程度或方差呈正相关。当公共物品需求的变异程度较大时，地方政府为本地区供给公共物品比中央政府在所有地区提供同一水平的公共物品更有效率。

蒂布特和奥茨的研究和理论奠定了由地方政府分权提供公共物品的理论基础。除此之外，斯蒂格勒的菜单理论和特里西的偏好误差理论也基于社会福利最大化的视角提出地方政府在了解居民的偏好等方面更有优势，因此地方政府在有选择性地提供公共物品方面比中央政府更有优势。布坎南的俱乐部理论则阐述了地方政府的规模或最优管辖范围是如何形成的。由于地方政府在识别地区居民的偏好上具有优势，分权可以提高公共物品供给的效率。此外，分权可以将地方政府更直接地置于辖区居民的监督之下。因此，相比集权，分权还可以建立严厉的问责制度以迫使辖区政府提高公共服务供给效率。另外，比斯利等（Besley & Coate，2003）还从政治经济学的视角证明了分权供给公共物品具有不可忽视的优势。与此同时，近年来越来越多的学者开始关注分权的负面效应，比如引起居民在地区间流动的主要因素不是公共物品的差异，蒂布特的“用脚投票”机制难以发挥作用（Faguet，2001）。

此外，地方政府更容易被利益集团俘获，地方政府的管理效率要低于中央政府，等等。这些因素都可能导致在公共物品的供给上采用地方分权反而会造成供给效率的下降（Bardhan，2002）。

（三）公共物品的对等供给

虽然奥茨的“分权定理”证明了地方政府提供地区性公共物品的比较优势，但是奥茨认为，中央政府仍然要综合考虑溢出效应和规模经济来提供全国范围的公共物品。20 世纪 70 年代末，奥尔森（Olson，1969）根据公共物品的受益范围提出了著名的“对等原则”。在《财政均等化原则：政府间责任划分》一文中，奥尔森通过分析公共物品的受益范围与提供该公共物品的行政辖区的关系，提出了公共物品的受益者与成本负担者一致的原则，即“对等原则”。“对等原则”意味着一项公共物品的供给应该配给哪一级政府，取决于哪一级政府辖区内的居民集合恰好与该公共物品的受益人群范围相互重合。只有当公共物品的政治权限与经济利益吻合时，才能实现帕累托意义上的效率最优。

马斯格雷夫等（Musgrave et al.，1974）认为，由于公共物品的受益范围不同，不同的公共物品应该由不同的政府来提供。马斯格雷夫等假定所有的公共物品都是纯公共物品，基于受益原则，讨论并分析了集权和分权供给公共物品的原则。研究结果显示，全国性公共物品应该由中央政府供给，地方性公共物品应该由地方政府供给。虽然地方政府分权供给公共物品是必要的，但是分权供给公共物品降低了中央政府的再分配能力。中央政府在供给外溢性程度较大的公共物品上的作用更加重要，因此马斯格雷夫等尤其强调中央政府在全国性公共物品供给上的重要性。

国内学者也对哪级政府提供公共物品更有效率展开了研究。部分研究也肯定了中央政府应该加大对全国性公共物品的供给力度。例如，陈碧琴等（2009）构建了关于中央政府和地方政府提供公共物品的相对效率的理论模型。研究结果表明，当公共物品的外部性较大且为正且（或）辖区有充分的同质性时，公共物品由中央政府供给更有效率。当公共物品的外部性较小且（或）辖区有充分的异质性时，公共物品由地方政府供给更有效率。

二 政府规制理论

公共物品由市场无法供给，只能由政府来供给，因此公共物品供给的市场失灵是政府规制的重要原因；但是在供给公共物品时，政府规制也可能会失灵。

（一）政府规制的基本内涵

规制经济学也称管制经济学，是对政府规制活动所进行的系统研究。由于研究侧重点和研究内容等方面的差异，国内外学者对政府规制的内涵有不同的表述。例如，维斯库斯等（Viscusi et al.，1995）认为，政府所掌握的最重要的资源是强制力，政府规制就是政府采用强制手段，对个人或组织的决策施加强制性限制，因此本质上看政府规制就是政府所掌握的强制力的运用。丹尼尔·F. 史普博（1999）认为，政府规制是行政机关为直接干预市场机制或改变企业和消费者的供需而制定和实施的一般规则和做出的特殊行为。植草益（1992）认为，政府规制是社会公共机构按照一定的规则对企业的活动进行限制的行为。

国内学者也从不同的角度对政府规制进行了界定。比较典型的是，余晖（1997）认为，政府规制是指行政机关以治理市场失灵为目的，以颁布法律、法规、规章、命令等为手段，对微观经济主体的不完全公正的市场交易行为的直接控制或干预。王俊豪（2004）认为，政府规制是具有法律地位且相对独立的政府规制者（机构），依据一定的法规对被规制者所采取的一系列行政管理和监督的行为。尽管不同学者对政府规制的内涵有不同的表述，但对其本质特征的认识和把握基本上是一致的，主要包括如下几个方面：规制主体是政府或政府机构；规制手段包括立法、司法和执法等方式；规制目的是实现经济效益和社会效益的帕累托最优，以及维护社会公平正义；规制的客体是从事经济活动的企业或从事其他特殊活动的主体。

政府规制包括经济性规制和社会性规制两种。其中，经济性规制是以特定产业为研究对象，以改进产业结构及提高经济绩效为目的，针对市场失灵问题所实施的进入控制、价格决定等直接的政府规制。例如，在自然垄断行业，政府应该实施价格规制以防止高价格和低产量组合下的非市场最优；在人为垄断行业，政府则应该通过反垄断政策防范行业合谋。大部分的经济性规制都和自然垄断相关，因此经济性规制一般被视为自然垄断规制。

与经济性规制相比较，社会性规制是一种较新的政府规制。社会性规制通常不以特定产业为研究对象，它是围绕如何达到保障劳动者和消费者的健康、卫生和安全等目的，针对市场失灵问题所实施的环境保护、产品质量和生产安全等领域的规制。例如，植草益（1992）认为，社会性规制是指以保障劳动者和消费者的安全、健康，以及促进环境保护、防止灾害为目的，对生产和服务的质量以及随之而产生的各种活动制定一定标准，并禁止、限制特定行为的规制。食品安全监管是以保护消费者的健康和安全为目的，通过设置食品安全标准，禁止不符合安全标准、含有有毒有害物质的食品进入市场的行政管理行为。因此，食品安全监管属于社会性规制的范畴。

（二）政府规制与公共物品

根据古典经济学的基本思想，市场机制能够自动调节资源配置以实现社会福利最大化，因此政府应该采取放任自由的市场政策，管得最少的政府就是最好的政府。因此，市场失灵理论认为，只要具备充分竞争的市场结构这个条件，市场就可以自动实现资源的优化配置。但是，在现实中，充分竞争的市场结构仅仅是一个理论上的假设。这种由市场调节的局限性和干扰而导致的无法实现资源最优化配置的现象，就是市场失灵。市场失灵的原因有很多。公共利益规制理论认为，政府规制是为了弥补市场的不完全性缺陷，由政府对微观经济主体进行直接干预，从而达到维护社会公共利益的目的。

西方经济学家认为，对于私人物品，经济主体根据利益最大化的原则和实际需求作出的生产和消费决策，在边际成本等于边际收益时、资源配置达到了最有效率的帕累托最优状态。帕累托最优是指在一定的资源配置状态下，任何现状的改变都无法在增进某个人福利的同时又不减少其他任何人的福利。但是与私人物品可以由市场供给不同，作为可以供社会成员共同享用的物品，公共物品的市场供给会导致“公地悲剧”、“囚徒困境”和“集体行动困境”等问题，从而导致资源配置的低效率。

1968 年，美国著名的生态学家哈丁（Hardin）在《科学》杂志上提出了著名的“公地悲剧”问题，引起了自然科学界和社会科学界的广泛讨论和争议。哈丁（1968）认为，对于公共草地，任何一个牧羊人都有使用权，但无权阻止其他牧羊人使用，而每一个牧羊人又都倾向于过度使用未受规范的公共草地。理性的追求收益最大化的牧羊人都会不顾草地的承受能力而盲目增加羊群数量。当牧羊人都纷纷加入这个行列后，草地被过度使用的悲剧就发生了。“公地悲剧”模型往往被形式化为“囚徒困境”，公共草地上的牧羊人是博弈对局中的双方。当双方进行交流并拥有完全信息时，双方的理性选择都是合作；但是当双方不能相互交流时，双方的理性选择都是背叛。虽然背叛是个人的理性选择，却不是帕累托意义上的最优选择。奥尔森（1995）在《集体行动的逻辑》一书中，分析了理性经济人在集体行动中的搭便车倾向造成的“集体行动困境”。一般认为，在具有共同利益的个人所组成的集团中，每个人都有进一步扩大集团利益的倾向和积极性，但是奥尔森批评了这个论断，并认为除非使用有选择的激励，否则大集团的集体行动是困难的。

由于公共物品具有消费的非排他性和非竞争性的特征，市场机制无法提供充足的公共物品，或者市场机制决定的公共物品的供给量远远小于社会所需要的供给量，公共物品的供给和需求无法达到帕累托最优的状态。由于公共物品导致的市场失灵损害了经济效率从而不能实现福利经济学下的帕累托最优，为弥补私人部门提供公共物品的效率损失，政府就应该承担起提供公共物品的责任。换言之，公共物品应该由政府来供给，是政府规制的重要内容。

（三）政府规制与规制失灵

公共物品无法由市场供给，因此政府需要通过规制为社会提供公共物品。但公共利益理论认为，政府供给公共物品需要满足一定的条件。波斯纳（Posner，1974）认为，公共利益规制理论建立在理想政府的假设条件上，即一方面政府能够代表社会公共利益，另一方面政府实施规制措施是无代价和有效的。然而，理想政府和现实经验与实践间的不吻合使公共利益规制理论的正确性面临致命的挑战。因此，政府在供给公共物品上也可能是失灵的。阿顿（Utton，1986）指出，现实中政府的规制目标并非都是纠正市场失灵以维护公共利益，还可能是其他与市场失灵无关的微观经济目标。而且大量的现象证实，政府尤其是地方政府往往会在规制活动中寻求私人或部门利益。因此，政府以规制者身份对民众和企业的经济活动实施限制和处罚等规制措施时，并不一定能不偏不倚地作为社会公共利益的代表者。此外，规制措施的制定和实施也要付出行政成本。在某些情况下，政府规制因行政成本之高不但不能增进社会公共利益，反而会使公共利益受损。而更为严重的是，有限理性的政府制定和实施的规制措施可能是无效的。无论是行政成本太高还是规制措施无效都直接宣示着政府规制的失败。

规制俘获（Regulatory Capture）也是导致政府规制失灵的重要原因。斯蒂格勒（Stigler，1971）最早提出了规制俘获理论。斯蒂格勒认为，规制是产业所需并为企业利益服务而设计和实施的。政府规制并不是为公共利益服务的，而是产业中的企业利用政府的权力谋取私人利益的一种努力。斯蒂格勒的规制俘获理论只关注规制者被生产者俘获的情况。这和 20 世纪 60 年代以来观察到的大量规制总是有利于生产者的现象是吻合的。但是，在此之后出现的大量现象表明，规制并非总是有利于生产者，也会有利于消费者。于是，佩尔兹曼（Peltzman，1976）进一步发展了斯蒂格勒的规制俘获理论。佩尔兹曼进一步正式化和格式化斯蒂格勒的模型，研究了规制者的政治支持函数最大化时的价格问题，回答了为什么规制也会有利于消费者的问题，较好地解释了斯蒂格勒模型所不能解释的新现象。与斯蒂格勒和佩尔兹曼仅仅聚焦于利益集团不同，贝克尔（Becker，1983）聚焦于利益集团间的竞争，进一步研究和解释了规制收益的分配问题。贝克尔强调指出，规制活动是由利益集团的相对影响决定的，因此政府规制更倾向于提高更有实力或影响的利益集团的福利水平。

斯蒂格勒、佩尔兹曼和贝克尔三位学者对规制俘获理论的研究形成了系统的 Stigler-Peltzman-Becker 规制模型。与公共利益规制理论相比，规制俘获理论具有重大的进步和现实意义。一方面，针对客观现实中的政府制度僵化、腐败丛生和以权谋私等现象，规制俘获理论深刻反思和重新审视了政府的角色定位，摒弃了政府是公共利益的代表者的思想，转而着重强调政府的权威和政策的强制性色彩在重新分配社会福利上的作用。另一方面，经济学中的理性人假设也被拓展到规制者和被规制者身上。规制俘获理论将政府的福利分配功能和经济行为人理性糅合到一起。以此为基础，规制俘获理论清晰地展示了政府规制产生的原因，即利益集团会通过游说等手段俘获政府，促使政府将社会福利由其他利益集团转移到该利益集团。

信息不对称也是规制失灵的重要原因。规制俘获理论从经验上描述了规制机构被利益集团俘获的社会现象，但是没有建立一个理论框架来分析俘获过程。而且，规制俘获理论都把政府视为一个“黑箱”，没有考虑到规制者的内部结构问题以及规制者与政治家的关系。直到 1986 年，梯诺尔（Tirole）用信息不对称理论来探讨政府规制为什么会失灵以及应该如何应对规制失灵，从而才揭开了政府这个“黑箱”。梯诺尔把政府分为国会和规制机构，构建了国会（委托人）—规制机构（监督人）—被规制机构（代理人）的三层委托代理关系，在更符合现实的框架下阐述了规制俘获问题。在这个委托代理关系中，国会委托规制机构搜集并汇报被规制者的私人信息。因此，规制机构是一个信息中介。国会设计的主合同是囊括了规制机构汇报监督信息和被规制者宣布自身信息的函数。当规制机构发现了被规制者的私人信息，且将信息汇报给国会会使自己遭受严重损失时，被规制者就有动机贿赂规制机构以阻止规制机构将该信息汇报给国会。在贿赂的诱惑下，规制机构就可能隐瞒信息以取悦被规制者。于是，规制机构和被规制者合谋损害国会利益的行为就发生了。梯诺尔认为，如何采取措施防范被俘获比单纯解释俘获的原因更重要。规制经济学不应该把批判是否存在规制俘获的威胁作为研究重点，而应该针对俘获问题设计相应的机制，以降低或避免规制被俘获的可能性。

在此基础上，梯诺尔提出了一个俘获防范理论，核心是要设计一个防范俘获的主合同。虽然该理论设置了很多苛刻的假设条件，却是政府规制理论的一个重大进步。它将传统的诱使单个被规制者说真话的激励机制设计问题拓展成为防范多个主体间合谋的激励问题。由此可见，规制的行政成本过高、规制者的有限理性、规制俘获以及规制中的信息不对称都是规制失灵的原因。除此之外，政府的公共决策失误、规制机构的低效率、政府权力寻租和政府机构膨胀等也会导致规制失灵。

三　社会治理理论

社会治理理论认为，社会主体或第三方部门也可以供给公共物品。

（一）社会治理的发展过程

在 20 世纪 30 年代，全球深受经济大萧条的影响，为复兴经济和促进就业，世界各国纷纷以凯恩斯主义为指导，提出了提供社会福利的主张。

随着“普遍福利”社会政策的实施，世界各国政府过多地介入了社会管理。此后，虽然曾经有声音呼吁要在经济发展中放权，大力发展市场经济，但是发达资本主义国家并没有随着经济社会的发展而弱化社会管理的职能。

由于坚持凯恩斯主义的政府“超级保姆”的角色定位问题，在20世纪70年代末80年代初，西方福利国家陆续产生了职能扩张、机构臃肿、效率低下等一系列问题。尤其是70年代石油危机的爆发使得这个问题更加严重。于是，政府在环境、食品安全等问题的治理上力不从心，日渐引起公众的不满。此时，虽然仍有一部分人坚持福利国家的主张，但是，从20世纪80年代开始，随着行政部门的效率低下以及官僚主义等问题愈加严重，西方国家出现了一场来自政府和公共部门内部的行政改革运动——新公共管理运动。新公共管理运动要求用企业家精神重塑政府，引入竞争机制，并把政府所承担的公共物品供给的职能也转移到社会中去。社会力量的加入（如公众的参与）填补了政府职能空洞化所留下的空白。

20世纪90年代以来，国内外学者开始重新思考并研究国家与社会的关系。如米格代尔研究了国家与社会关系变迁的过程，认为国家与社会互动可以达到国家与社会力量合作，以及社会改变国家或国家控制社会的结果，即国家和社会相互影响、相互形塑。与此同时，自由主义的市场化供给模型和凯恩斯主义的福利国家模型指导的公共物品供给相继出现了市场失灵和政府失灵（许源源、王通，2015）。这就为社会组织参与进来弥补市场和政府的双失灵提供了空间。由此，公共物品的供给形成了由政府、市场和社会三元主体共同参与的格局。公共物品的供给也开始从传统的单纯依靠政府的单中心供给转向市场和社会共同参与的多中心供给。

我国社会治理的发展历史相对较短。直到20世纪90年代前后，社会治理研究才受到政治和社会学界的关注，国内开始出现社会治理研究的萌芽。但是，由于我国大政府和小社会的基本国情，广大学者有意无意地忽视社会治理理论，结果导致在较长的时间内社会治理研究无论从数量上还是从质量上来衡量都远远不能满足现实的需要。

直到2004年9月，党的十六届四中全会召开后，随着经济体制改革和政治体制改革的推进，政府面对的社会问题愈加复杂，社会管理的压力也越来越大，社会治理的要求越来越迫切。在现实的要求下，党和政府大力推动社会治理创新。因此，党的十八大以来，在中国特色社会主义理论体系特别是党中央治国理政新理念、新思想、新战略的指引下，我国社会治理实践创新取得重大进展。尤其是党的十九大报告从统筹推进“五位一体”总体布局、协调推进“四个全面”战略布局的高度，对社会治理问题高度重视，明确提出打造共建、共治、共享的社会治理格局，提出一系列新思想、新举措，为新的历史条件下加强和创新社会治理指明了方向。在此背景下，学术界开始加强了对社会治理问题的研究，并出现了一大批研究成果。

（二）社会治理的理论内涵

英文中的“治理”（Governance）一词最早可以追溯到古典拉丁文和古希腊语。最初，“治理”和“统治”（Government）的意思相同，两者经常混合使用。但是随着社会力量的兴起，合作治理理论开始受到关注。合作治理理论强调在社会治理中应该在政府之外引入社会力量。此时，治理和统治的概念也逐渐分离开来。但是目前，学术界对治理的内涵并没有统一的认识和广受认可的定义。由于研究角度和背景的不同，不同机构或学者对治理的含义有不同的理解。例如，穆勒（Mueller，1981）重点从治理目标角度阐述治理的内涵，强调治理是为了实现有效利用资源、防止外部性等目标。布雷瑟（Bressers，1998）重点从治理模式角度阐述治理的内涵，强调治理的模式包括法治、德治、自治和共治。

更多的机构或学者都是从治理主体角度来阐述治理的内涵。例如，全球治理委员会（Commission on Global Governance，1995）认为，治理是公私部门管理共同事务的各种方法的综合，它是一个持续的过程，也是冲突或多元利益能够相互调适并且各方能采取合作行动的过程。克里斯和加什（Chris & Gash，2018）认为，社会治理是政府发起的，一个或多个政府部门与非政府部门一起参与，通过正式的、以共识为导向的、商议的方式，制定（或执行）公共政策，或者管理公共事务（或资产）的治理安排。艾默生等（Emerson et al.，2012）认为，合作治理是由政府发起和推动，政府和非政府机构合作的治理模式，而公私部门合作创造出新的规则是合作治理的关键。

当前学术界对合作治理的研究通常是关于特定国家或地区的政府失灵的研究。由于研究者和研究区域不同，当前文献对治理特征的描述凌乱，大多数文献仍然关注合作治理的类型而不是内在特征。对治理的广泛分类，也限制了一般性理论框架的建立。这就导致学术界对社会治理的内涵很难形成一致的认识。尽管如此，通过梳理对治理的概念，可以发现治理具有如下几个特征。①治理的主体是多元的。除了政府外，还包括社会组织、公众和第三方机构等社会主体。②治理的方式是合作。与以往的社会管理主要采用强制性手段不同，社会治理以多元主体间的合作为主。③治理的目的是公共利益。治理主体在相互尊重和理解的基础上，化解冲突，平衡各方利益，实现公共利益最大化。④治理的作用是弥补市场失灵和政府失灵。治理是为回应市场失灵和政府失灵而产生的。

（三）社会治理与公共物品供给

社会治理的出现是政府部门对某些公共问题的治理政策失灵和政治规制成本高的回应。此外，知识的专业化和分散化，以及管理机构基础设施更加复杂化和相互依赖也要求合作治理。在社会治理理论中，公共物品是一个重要的议题。社会治理强调，在公共物品供给中，社会力量和政府共同参与提供公共物品，或者多个社会力量合作提供公共物品等都是可行的。

埃莉诺·奥斯特罗姆（2000）认为，凡是属于多数人的公共事物常常是最少被人关心的事物。因此，在《公共事物的治理之道——集体行动制度的演进》一书中，奥斯特罗姆明确提出，在国家和市场之外，社会中还存在“第三只手”来解决公共物品的供给问题，即通过公众社会自主治理方式提供公共物品。奥斯特罗姆提出的“多中心治理”打破了公共物品供给的传统单中心模式（即国家模式）。因此，与传统社会管理理论相比，社会治理理论成功地突破了传统的将市场和政府分割开来的简单的思维模式，认为面对已经客观存在的政府失灵和市场失灵，以及某些领域存在的政府和市场双失灵的问题，必须将第三部门或“第三只手”也纳入公共物品的供给中来，通过协调让政府、市场和第三部门形成有效网络，确保社会福利的最大化。

社会治理可以作为公共物品供给的重要方式的问题已经受到国内学者的广泛关注。近年来，国内学者对通过社会治理提供公共物品的问题进行了大量研究。例如，赵黎（2017）以移民村为案例研究发现，通过嵌套式的组织形式与制度设计，移民村以“非科层化”的治理模式因地制宜地促成村庄内部各行动主体之间以及移民村庄与外部公共部门和私营部门之间的协作，保证了村庄公共物品的供给。霍晓英（2017）以城市边缘区的公共物品供给为例，探讨了改变过去单一的、运动式的政府管理模式，动员社会多方力量，促成社会治理多元化、多样化、网络化的必要性。

此外，还有学者研究港澳台地区利用社会治理提供公共服务的经验和做法。何骏（2016）以香港为例，研究了香港秉承“小政府、大市场、强社会”的治理理念把公共服务主体多样化并逐步建立起合作型多元治理模式的成功做法和经验。党亚飞等（2016）以澳门为例，研究了“弱政府、强社会”格局下形成的社会主导的基层治理模式在公共物品供给上的“补政府化”。

四　地方政府负总责模式下食品安全监管的研究进展

国内外学者普遍认为，从经济学角度看，食品安全问题的根源是生产者和消费者的信息不对称（Antle，1996；龚强等，2013；李想、石磊，2014）。有学者研究认为可以利用食品可追溯（Pouliot et al.，2008；吴林海等，2014）、食品安全认证（Ibanez & Stenger，2000）、食品标签（Caswell & Mojduszka，1996；Golan et al.，2001）等工具降低信息不对称的程度，以弥补市场失灵。但是，仅仅进行信息披露是远远不够的。政府要加强食品安全监管，即利用强制性食品安全标准（浦徐进等，2013），或者促使食品企业加强食品安全控制（Codron et al.，2007）等食品安全监管措施解决食品安全问题。

食品安全监管是一个复杂的系统工程。当前，国内外学者对食品安全监管相关法律、制度、标准等展开了大量研究，同时国内学者还研究了多部门分段监管体制下的横向权力配置问题。但是，地方政府负总责反映的是食品安全监管的纵向权力配置，重点关注和强调的是地方政府在监管中的作用。而在过去，国内学者对食品安全监管的纵向权力配置的研究较少。虽然近年来国内学者以地方政府为中心的研究也零零散散地开始出现，但是这些研究并不系统。典型的研究主要包括如下三个方面。

（一）央地事权划分与食品安全供给

2013年党的十八届三中全会明确提出，中央和地方要按照事权划分相应承担和分担支出责任。那么，中央和地方应该如何划分事权呢？在已有的研究中，王赛德和潘瑞姣（2010）从任务冲突视角分析了对承担社会发展任务的机构实施垂直化管理的合理性，简要探讨了中央和地方的事权划分问题。研究发现，在存在道德风险和任务冲突的情况下，让两个代理人分别承担两种任务的激励成本小于让一个代理人同时承担两种任务的激励成本。因此，中央政府对承担社会发展任务的机构实施垂直化管理要优于让地方政府同时承担经济发展和社会发展任务。尹振东（2011）从地方政府干扰监管部门执法的角度探讨了垂直管理体制和属地管理体制的优劣。基于中央政府和地方政府的委托代理模型，尹振东的研究发现，在实施“否决均衡”时，垂直管理体制在坏项目上的激励冲突弱于属地管理体制，因此垂直管理体制优于属地管理体制。但是，在实施“通过均衡”时，由于属地管理体制可以无成本地激励地方政府通过坏项目，因此属地管理体制优于垂直管理体制。

奥尔森（Olson，1969）认为，政府间事权划分的目标在于确保各级政府履行职能和有效供给公共物品。因此，要根据公共物品的层次性和供给效率划分各级政府的职能。一般而言，如果某个公共物品的受益范围与某一个政府的辖区范围完全吻合，那么该政府负责供给该公共物品既符合效率原则又符合公平原则。因此，在污染治理等公共物品的供给上，全国性和跨区域性公共物品都应该由中央政府供给，其他地方性公共物品都应该由地方政府供给（逯元堂等，2014）。但是，李森（2017）认为，受公共物品受益范围多样性与政府层级设置有限性之间的矛盾的制约，在政府间事权和责任划分上，完全做到公共物品的受益范围与政府管辖范围吻合几乎是不可能的。因此，现实中可以采用多种模式来协调公共物品受益范围多样性与政府层级设置有限性的矛盾。

需要说明的是，当前国内关于中央和地方关系的研究主要集中于经济维度，探讨财政层面上的分配问题（Chung，1995）。现有的研究揭示了在财政支出上，中国逐渐形成了收入向上集权和支出向下分权的体制（周飞舟，2006）。如上所述，还有部分研究探讨了污染治理等公共物品的央地事权划分（姚荣，2013）。然而，国内外学者关于食品安全监管上中央政府和地方政府的事权划分的研究较少。尽管如此，国内外仍有部分代表性的研究。如坦纳和格林（Tanner & Green，2007）认为，中央与地方权力的平衡在很大程度上受到政策问题的本质的影响。因此，刘亚平和杨大力（2015）从监管手段的角度分析了食品安全监管应该由中央政府还是地方政府负责。他们认为，市场准入的监管手段要求实行纵向更为集权的监管体制，地方分权会导致标准要求“奔向底线”。因此，如果采用市场准入的监管手段，那么就应该采用中央政府集权的监管体制。以信息披露为主的监管手段要求实行更为分散的监管体制，中央集权容易导致信息垄断。因此，如果采用信息披露的监管手段，那么就应该采用地方分权的监管体制。

食品安全是公共物品。王耀忠（2005）是国内较早从公共物品供给的分权原则和对等原则角度，从理论上探讨食品安全监管权的纵向配置问题的学者。王耀忠认为，食品安全监管的溢出效应早已不再局限于某个特定的地区，而是早已跨越了区域的限制，甚至跨越了国界。食品安全监管早已不仅仅是地方政府的责任。发达国家的食品安全监管主要由中央政府承担。曹正汉和周杰（2013）从公共物品的外部性程度和隐含的社会风险角度解释了我国地方政府过度分权的原因。他们认为，公共物品供给隐含社会风险，即在提供公共物品的过程中，政府可能因管理纰漏或其他责任问题，导致民众的利益受损，并造成民众对地方政府的抗议。这可能会影响到政府官员的政治前途等。因此，对高社会风险的全国性公共物品，如果中央政府不能向地方政府转移社会风险，那么中央政府会采用垂直监管模式直接供给。否则，如果中央政府能够向地方政府转移社会风险，那么中央政府会采用属地管理模式让地方政府负责供给。张瑞良（2017）认为食品安全监管是全国性的、直接关系到每个公民个人权益的公共物品。中央政府对全国性的食品安全实施属地管理是在综合考虑治理风险和治理成本基础上作出的选择。

但是，王耀忠，曹正汉、周杰和张瑞良的研究都没有考虑不同国家具体国情的差异，比如食品产业的情况和地方政府的情况等。以日本为例，日本60%的食品来自进口，本土生产的食品只有40%。日本的中央监管机构主要负责进口食品的安全监管，其他食品的安全监管主要由地方监管机构负责（王耀忠，2005）。因此，在判断一个国家中央政府和地方政府的食品安全监管事权划分时，需要把国家的基本国情纳入考虑范畴。

（二）地方政府弱化监管的问题

地方政府是由官员组成的。官员集团（尤其是中下层官员）具有“预算外收入”的集体利益偏好，同时高层官员还具有“政治晋升”的个体利益偏好（刘再起、徐艳飞，2014）。官员集团和高层官员的利益偏好还受到制度等众多复杂因素的影响。其中，在分权的财政体制下，地方政府享有支配地方财政收益的权力，自负盈亏的财政体制为地方政府创造了一个强有力的逐利动机，形成了地方政府的“独特利益偏好”（郁建兴、高翔，2012）。

1. 地方政府的监管扭曲

国内外学者早已认识到地方政府的利益偏好会导致食品安全监管扭曲。一方面，利益偏好会扭曲地方政府的财政支出结构。国内外学者把地方政府提供的公共物品分为两类。一类是高速公路、铁路等交通基础设施，电力等能源基础设施，邮政、电信等通信基础设施，以及排水系统等城市基础设施等与经济发展密切相关的基础设施类公共物品（张军等，2007）。这些基础设施类公共物品对促进地区经济增长的作用很大。另一类是教育（Brasington，1999）、社会治安（Schwartz et al.，2003）、食品安全（张和群，2005）等与居民生活密切相关的民生服务类公共物品。这些民生服务类公共物品对提高居民的生活舒适度和便利性等的作用更大，但是对促进地区经济增长的作用相对较小。周黎安（2004）认为，在政治晋升博弈中，一个官员的晋升直接降低了另一个官员的晋升机会。地方政府官员间的合作空间很小，而竞争空间巨大。在地方政府官员实现政治晋升的“政治锦标赛”中，由于地方政府在财政收支上具有一定的独立性和自主性，因此地方政府就会增加对基础设施类公共物品的财政支出，并减少民生服务类公共物品的财政支出。因此，在地方政府的财政支出中，对基础设施类公共物品的投入多，而对民生服务类公共物品的投入少。这就导致了财政支出结构的系统性扭曲（Keen & Marchand，1997；傅勇、张晏，2007）。

另一方面，利益偏好会扭曲地方政府的政策目标。经济发展绩效更容易衡量，而食品安全监管绩效难以直接衡量。因此，经济发展绩效对地方政府的激励更强。于是，地方政府就会基于经济增长和社会就业等经济性目标而盲目地加强对本地企业的扶持和保护（Poncet，2005），甚至以牺牲食品安全为代价换取经济发展。例如，2008 年的三聚氰胺婴幼儿奶粉事件就凸显了地方政府更倾向于为地区经济增长而弱化食品安全监管的问题（Balzano，2012；Liu，2010）。在三聚氰胺婴幼儿奶粉事件中，地方政府的食品安全监管者角色被经济角色替代，即地方政府不履行监管目标，而是把经济发展目标置于食品安全监管目标之上，宁愿以牺牲食品安全监管为代价保障经济发展（李静，2009）。

此外，地方政府还可能扭曲中央政府制定的食品安全监管制度。如以抽样检测制度为例，国有企业是地方政府拉动经济增长的重要主体。一些地方政府官员和国有企业负责人间的个人利益关系也使得这些地方政府有更强的动机为国有企业提供保护。因此，在食品抽样检测中，国有企业被抽检的概率可能会低于非国有企业。地方政府的这种有偏的抽样可能会削弱抽检监管的信号传递功能（刘小鲁、李泓霖，2015）。值得注意的是，地方政府为发展经济弱化食品安全规制并非只会产生部分企业发生食品安全风险的局部负面影响，还有可能会导致区域内的群体性败德行为，产生严重恶化食品行业诚信经营环境的全面性负面影响（李新春、陈斌，2013）。

2. 地方政府被食品企业俘获

1776 年，英国著名经济学家亚当·斯密（Adam Smith）在《国民财富的性质和原因的研究》中就对现实中广泛存在的俘获（合谋）行为进行了深刻的揭露。斯密（1972）指出，人们聚集在一起的目的往往不是联欢或消遣，而是策划不利于公众福利的阴谋或者欺诈行为。之后的众多经济学家都在斯密的基础上对该问题进行了大量深入的研究。例如，施特劳斯（Strausz，1997）最早证明了在一个具有两个参与主体的委托代理系统中将检测行为授权给第三方“监管者”的有效性取决于两个必要条件，一是委托人需要与监管者签订一个具有良好激励效应的契约，二是监管者与代理人之间不存在合谋行为。如果委托人无法用较低的成本阻止监管者与代理人进行合谋，那么授权的有效性会大幅降低，此时委托人必须谨慎地考虑是否授权第三方进行监管（Celik，2009）。

在食品安全监管中，中央政府授权地方政府监管食品生产者。中央政府处于信息弱势地位，当地方政府和食品生产者可以进行谈判时，地方政府被食品生产者俘获就不易避免。当前，国外对食品安全监管领域规制俘获的研究主要围绕两条路径展开。一个是基于委托代理探讨防范俘获的激励机制。经典的防范俘获的理论始于梯诺尔构建的包括委托人、监督者、代理人三个参与主体的三层委托代理框架。另一个是利用博弈论方法探讨合谋的成因与防范。例如，Ma 和 Shi（2010）构建了一个三方博弈模型分析和探讨了防范俘获的方法。

目前大多数有关地方政府官员与食品生产者的合谋的研究都是建立在经典的期望效用理论基础上的。期望效用理论认为，以效用最大化为目的的决策者是完全理性的，不受行为偏好的影响。针对期望效用理论忽视了行为人的有限理性的缺陷，部分学者尝试性地把前景理论引入俘获模型中，具有重要的指导意义。如乌云娜等（2013）基于前景理论构建了政府投资代建项目的防范俘获策略。前景理论是由卡尼曼（Kahneman）和特沃斯基（Tversky）在 1979 年通过修正期望效用理论发展而来的心理学及行为科学的重要研究成果，为研究行为人在风险不确定情况下的决策行为提供了新的途径。但目前国内对前景理论的研究和应用主要集中在数据分析、风险决策等问题上，与博弈理论相结合的研究比较少，将其运用于食品安全监管中的政企合谋研究的更少。典型的是，雷勋平和邱广华（2016）基于前景理论构建演化博弈模型推理得出了杜绝食品企业不诚信行为的条件。谢康等（2017）基于前景理论构建了媒体与食品生产经营者的不完全信息动态博弈模型，研究了媒体曝光在防范规制俘获中的效果。但前者的研究没有考虑政府因素，后者的研究仅仅限定于媒体在防范合谋中的作用，进一步将前景理论和合谋问题结合在一起，探讨如何防范食品安全监管中的政企合谋是未来一个重要的研究方向。

3. 地方政府跨期决策与认知短视

古典经济学假设行为主体是完全理性的。在跨期决策中，行为主体能够在时间偏好一致的条件下精确地计算出跨期项目的收益，并选出最优的项目。萨缪尔森在1973年最早创造性地将时间偏好的心理因素浓缩成贴现率糅入跨期决策的收益模型中，建立了经典和规范的时间偏好理论模型——指数贴现效用模型。指数贴现效用模型假定，在跨期决策中行为主体的时间偏好是一致的，并不随时期的变动而变动，因此该模型使用了固定不变的贴现率。尽管萨缪尔森的指数贴现效用模型具有开创性的意义，并且可以解释现实中的众多跨期决策问题，但该模型并不完美，尤其是无法解释吸毒上瘾、过度消费、过度饮食导致肥胖等现象（叶德珠等，2010）。

随着跨期决策研究的深入，学者们逐渐认识到在不同的时期内行为主体的时间偏好是不一致的，会出现变动，并往往表现出偏好现在甚于未来的典型特征。与此同时，神经学科的学者也逐渐发现行为主体并非完全理性的，这为不同时期行为主体的时间偏好不一致提供了现实证据。例如，勒文施泰因等（Loewenstein & O'Donoghue，2004）基于神经元生理学的研究发现，人们的决策和行为受到情感系统和理性系统的共同影响。理性系统平衡长期利益和短期利益，而情感系统则容易受短期利益刺激而更加关注当期利益最大化。在进行短期决策时，行为主体更容易被情感系统支配。因此，行为主体是有限理性的，行为主体的时间偏好并不一致。这种不一致性导致行为主体具有偏好短期利益的短视特征。正因如此，莱布森（Laibson，1997）采用双曲线贴现模型对行为主体的短视行为进行描述。在模型中，莱布森引入了时间偏好不一致的假设，并开创性地用长期和短期贴现率的差异来描述行为主体的时间偏好的不一致性。莱布森建立的双曲线贴现模型已成为时间偏好不一致条件下跨期决策研究的经典模型。

在我国，地方政府官员有固定的任期限制。在固定的任期内，一般情况下地方政府官员有较好的政绩，更易实现职位的晋升。在政绩压力之下，一些地方政府在跨期决策中也表现出严重的短视特征（周黎安，2004）。例如，2006年，中央办公厅印发的《党政领导干部职务任期暂行规定》明确提出，党政领导职务的任期为5年，且在任期内保持相对稳定。在官员任期制和政绩考核制下，部分地方政府的官员比较重视政策或财政的短期收益，或者为了显示政绩而搞一些面子工程，甚至有意将政策成本向下届政府转移。由于官员“显示政绩”的行为都必须在任期内完成，这就倒逼地方政府官员更迫切地追求短期利益。

地方政府官员追求短期利益的特征受到了国内学术界的关注，成为近年来的一个重要研究方向。如叶德珠、蔡赟（2008）和叶德珠（2010）利用双曲线贴现模型分别对地方政府投资中的短视、冲动及拖延等行为进行了研究。王进（2013）利用双曲线贴现模型研究地方政府主导产业政策选择的相机抉择行为并对规制中的腐败行为进行了解释。在对食品安全监管政策进行决策时，一些地方政府也是短视的。地方政府的短视行为也必然会影响到食品安全监管决策和其他有关行为，并深刻影响到食品安全监管的最终效果。但是，国内学者对该问题的研究比较少。

（三）食品安全社会共治问题

以往我国主要依靠政府部门来实施食品安全监管，以保障食品安全。尽管食品安全形势日趋向好，但是食品安全事件仍时有发生，政府在食品安全监管中仍面临很多困难，单一行政监管已经很难有效回应“人民日益增长的美好生活需要”对食品安全的要求。在此背景下，如何实现单一行政监管向政府、社会和食品生产企业等多元主体共同治理转变就成为现实需要，以及当前学术界的研究热点。

1. 食品安全社会共治体系的基本内涵

一方面，由于信息不对称、有限理性与私人利益，政策往往被扭曲，食品安全监管政策经常是无效的。单纯行政监管在满足消费者食品安全要求的同时，也可能会破坏市场机制的正常运行。另一方面，地方政府的食品安全监管机构在组织和形式上的碎片化，导致其治理能力被显著耗散和弱化，甚至会发生权力寻租、设租等行政腐化现象。在“大政府、小社会”的治理模式下，我国的食品安全监管主要依靠地方政府的力量，忽视了社会主体的力量。结果微薄的政府力量被淹没在数量庞大的中小食品生产企业的汪洋大海中，监管的效果大打折扣。

因此，近年来针对单纯行政监管在解决食品安全问题上日渐力不从心的问题，国内学者在建立食品安全社会共治体系上基本形成了共识，共治体系的构建也成为食品安全领域的一个重要研究方向。学者们从不同的角度、不同的领域就食品安全社会共治问题展开了大量的研究。例如，袁文艺（2011）认为，单纯依靠行政监管难免顾此失彼、效率低下。随着公民参与意识和能力的增强，食品安全监管应该从政府唱主角的单纯行政监管走向政府、企业、社会和消费者多元合作治理的模式。蒋慧（2011）认为，如同市场失灵一样，政府监管也可能失灵，典型的就是地方政府为发展经济与当地企业形成利益联盟。面对可能存在的市场和政府的双失灵，食品安全监管中必须引入第三方，由政府、市场与社会共同构成监管主体，形成政府监管、消费者维权、行业自律、社会监督相结合的“四位一体”的合作机制。陈季修和刘智勇（2010）认为，我国当前的食品安全监管体制存在对市场监管多元主体的认识不足、行政体制内部多元主体有机参与和协调互动不足、行政体制外部多元主体有效参与不充分以及多元共治模式治理能力有现实局限等问题。由于多元主体具有各自的优势、利益冲突少且拥有共同的社会目标等，政府部门、行业组织和社会力量可以有机参与形成政府主导、行业自律、社会参与、协同共治的市场监管新格局，以充分发挥社会主体的优势和作用。谢康等（2017）还以深圳为例，研究了政府如何介入以成功构建自组织，为食品安全社会共治的实践操作提供了重要启示。

2. 社会主体在社会共治体系中的作用

国内外学者早已认识到社会主体在食品安全治理上可以发挥重要作用。但是，当前国内学者主要以消费者和媒体两个社会主体为研究对象来探讨社会主体参与对食品安全治理的作用。在消费者的研究上，英尼斯（Innes，2010）认为，在政府的严格监管之外，消费者的参与可以改变食品安全监管的自上而下的模式，转向消费者参与的全社会信息揭示机制，有效地提高食品安全水平。龚强等（2013）认为，以社会监督为核心的信息揭示是提高食品安全水平的有效途径。规制者根据食品安全生产的要求和特点，界定企业需要揭示哪些生产和交易环节的信息，能够为社会、第三方机构、相关监管部门提供监督的平台。尽管企业可能提供虚假信息，但由于引入了社会各方面力量进行监督，企业的不良行为更加容易被发现，并可能受到严厉的社会惩罚，因而企业生产劣质食品的动机降低。

在媒体的研究上，倪国华、郑风田（2014）对媒体监管的研究发现，降低媒体监管的交易成本不仅会提高消费者投诉的概率，还可以激励监管者及企业更加努力。企业和监管者通过增大媒体曝光的交易成本，降低食品安全事件被曝光的概率，从而使委托人不能发现合谋信息。张曼等（2015）建立了一个中央政府和地方政府的委托代理模型，通过研究发现，在媒体监管激励有效的情况下，媒体曝光可以有效缓解中央政府和地方政府间的信息不对称问题，从而可以有效遏制政企合谋。谢康等（2017）基于有限理性的假设条件，构建媒体与食品生产经营者的博弈模型，探讨了媒体参与食品安全社会共治的约束条件。周开国等（2016）的研究发现，充分发挥媒体、资本市场与政府在事前、事中和事后监督中的协同作用，建立三方对食品安全进行共同监督和协同治理的长效机制，可以使食品企业不敢、不能和不想违规。

食品安全社会共治体系是一个复杂的体系，既涉及制度安排、体制设计等宏观问题，同时也涉及社会主体的作用、参与意愿、参与方式等微观问题。但是，已有的研究尚主要停留在宏观层面的思考和规划上，尚没有深入微观层面的调研和分析，这是现有研究的一个缺憾。

（四）简要评述

无论从历史角度还是从地域角度看，食品安全风险是全球范围内的一个客观存在。但从经济学角度对食品安全问题进行研究却只有几十年的时间。尽管如此，国内外学者仍围绕食品安全的政府监管这一主题展开了大量的先驱性研究，为本书提供了大量非常有参考和借鉴价值的文献，但是当前的文献研究也存在诸多不足之处。这些不足之处主要表现在如下几个方面。

一是由于中国正处在经济转轨的关键时期，国内的规制经济学研究以经济性规制为主，对社会性规制的研究比较少。近年来，政府开始逐渐放松对自然垄断和竞争性行业的经济性规制。与此同时，因食品安全、环境污染等问题不断出现，加强社会性规制研究日益迫切。然而，当前对以食品安全为对象的社会性规制的研究却远远滞后于现实需要。

二是地方政府负总责是明确中央政府和地方政府的权责关系的核心制度。当前国内外学者对食品安全监管失灵的研究主要是从监管制度等入手的。地方政府负责本辖区的所有食品安全监管工作，并承担相应的责任也可能导致食品安全监管失灵，但已有的研究并没有从地方政府负总责的角度入手探讨地方政府和中央政府的事权划分所导致的食品安全监管失灵。

三是现有的研究主要基于传统的经济理论方法展开，其假设与现实并不吻合，需要放宽假设条件，构建与现实更加吻合的理论模型。例如，对合谋问题的研究，现有的研究主要建立在以行为主体完全理性为基础的期望效用理论上。但现实中行为主体并非完全理性的，而是有限理性的，尤其是心理因素对行为主体的决策有重要影响。因此，以完全理性为基础的理论研究所得到的相关结论可能无法很好地对现实情况进行解释。

四是实证研究严重滞后于理论研究。以食品安全为对象的社会性规制的理论研究中出现一些新的关键变量。但是，这些变量没有被纳入实证研究中。而且现有的研究偏重于描述性分析和定性分析，缺乏对影响主体行为的变量的实证考察，基于经济理论的定量分析或者以调查数据为基础的实证研究较少。

五是食品安全监管是一个系统工程，单纯依靠政府的力量是不够的。国家已经明确要引入社会主体，实施食品安全社会共治。但是，当前国内学者对食品安全社会共治的研究仍不够成熟，亟须深入微观层面探讨和研究社会主体的参与方式和参与意愿等。

五 本章小结

作为本书的理论起点和研究基础，本章梳理和研究了公共物品理论、政府规制理论以及社会治理理论的研究脉络和主要观点。食品安全风险是全球范围内的一个客观存在。国内外的学者基于公共物品理论、政府规制理论以及社会治理理论等对食品安全问题展开了深入的研究。本章基于国内外已有的研究文献，从央地事权划分与食品安全供给、地方政府弱化监管，以及食品安全社会共治三个方面介绍了食品安全监管的研究进展。通过梳理国内外的研究文献可以发现，国内外尤其国外对食品安全问题研究成果已经非常丰富，但是国内对食品安全问题的研究仍存在不足之处，尤其是从社会性规制和社会治理理论出发，基于地方政府负总责视角对食品安全问题的研究存在不足之处。

第三章 食品安全监管的地方政府负总责模式

在第二章理论基础与文献综述的基础上，本章概述了我国食品安全的总体形势和基本态势，从理论上分析了地方政府负总责模式的制度背景和基本内涵，基于历史视角梳理了地方政府负总责模式的演变过程，最后从中央政府和地方政府的事权划分的合理性、地方政府弱化监管以及单一行政监管向社会治理的转变三个方面构建了地方政府负总责模式下食品安全监管问题的理论分析框架。

一　我国食品安全风险的总体形势与产生原因

（一）我国食品安全风险的总体形势

1. 食品合格率总体水平比较高

本部分主要从初级农产品的监测合格率以及加工制造环节食品的抽检合格率两个方面来描述我国食品合格率的总体水平。初级农产品和加工制造的食品是居民消费的主要食品。这两类食品的合格率可以反映出我国食品合格率总体水平。

（1）初级农产品的合格率较高

从农业部历年发布的例行监测数据来看，2013~2016 年，农产品的总体抽检合格率分别为 97.5%、96.9%、97.1%和 97.5%。虽然 2014 年的抽检合格率略低，但总体上农产品的抽检合格率在 97%以上。连续四年的监测结果表明，随着农产品质量安全专项整治行动的深入开展，我国农产品质量安全水平总体较高且比较稳定，基本可以满足居民对初级农产品质量安全的要求。

初级农产品品种繁多，而且不同初级农产品的质量安全风险差异较大。本书选择蔬菜、畜产品、水产品、水果和茶叶五类主要初级农产品为代表反映不同初级农产品的质量安全情况。原因主要是上述前四类初级农产品在居民的消费结构中的重要性较高。《中国统计年鉴》的数据显示，2013~2016年，居民对蔬菜、畜产品、水产品和水果的消费量分别是94.1~96.9kg、25.6~26.2kg、10.4~11.4kg，37.8~43.9kg。而茶叶则是易于发生食品安全风险的一类农产品。

表3-1是2012~2016年上述五类主要初级农产品的监测合格率情况。从表中可以看出：从总体上看，初级农产品的质量安全状况良好。五类初级农产品的监测合格率都维持在93%以上。从种类上看，不同初级农产品的合格率有较为明显的差异。畜产品的合格率是最高的，合格率维持在99.20%以上，2012年和2013年达到顶峰，为99.70%，之后三年略有下降。茶叶次之，虽然2012年和2014年茶叶的监测合格率不太理想，但其他年份都维持在97.60%以上。蔬菜和水果的合格率基本上也在96%以上。相对而言，水产品的合格率较低，除了2012年外，其他年份都未达到96%。从趋势上看，初级农产品的监测合格率略有下降。与2012年相比，2016年蔬菜、畜产品、水产品和水果的合格率都有所下降，下降幅度分别为1.1、0.3、1.0和0.9个百分点。茶叶的合格率则上升明显，从93.00%上升到99.40%，上升幅度为6.4个百分点。

表3-1　2012~2016年全国主要初级农产品的监测合格率情况

单位:%

农产品	2012年	2013年	2014年	2015年	2016年
蔬菜	97.90	96.60	96.30	96.10	96.80
畜产品	99.70	99.70	99.20	99.40	99.40
水产品	96.90	94.40	93.60	95.50	95.90
水果	97.10	96.80	96.80	95.60	96.20
茶叶	93.00	98.10	94.80	97.60	99.40

资料来源：根据农业部历年例行监测信息整理获得。

初级农产品监测不合格的一个重要原因是农药残留超标。为减少农药施用量，在实施农药减量行动的同时，应建立健全绿色防控技术推广政策体系，加大媒体宣传力度和农技部门推广力度，推广应用绿色防控技术（Gao et al.，2017；Gao et al.，2019）。加快建立一批食用农产品绿色防控技术示范区。以示范区为核心，抓好绿色防控技术体系的集成创新，加大对农业技术人员的绿色防控技术培训和宣传推广力度，将适当的财政补贴和充分的技术支持相结合，鼓励和推动农户尤其是种植大户积极采用绿色防控技术。

（2）加工制造环节食品的抽检合格率较高

2009~2016 年，国家质检总局和国家食品药品监督管理总局对加工制造环节食品的抽检合格率情况见图 3-1。从图 3-1 中可以看出，从 2010 年开始，除了 2012 年和 2014 年外，其他年份食品的抽检合格率都保持在 96%以上，表明加工制造环节的食品质量总体是稳定的，基本可以满足居民对加工制造食品质量安全的要求。需要说明的是，2012 年及以前，国家质检总局负责加工制造环节食品的质量监督抽查工作。2013 年及以后食药监督管理体制改革后，国家食品药品监督管理总局开始负责对加工制造环节的食品进行监督监测。

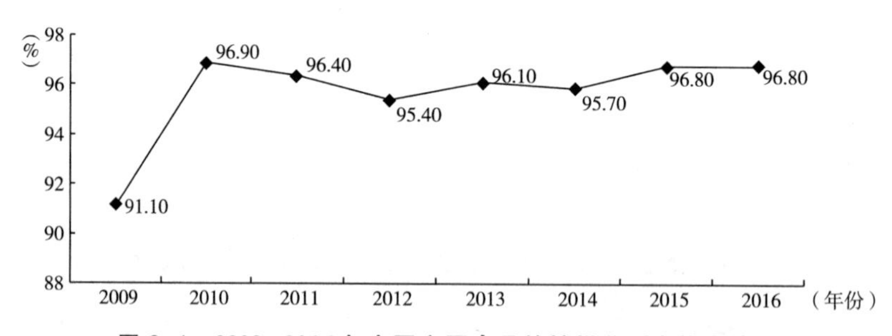

图 3-1　2009~2016 年全国主要食品的抽样监测合格率情况

资料来源：2009 年到 2012 年的抽样监测合格率数据来自中国质量检验协会官方网站；2013 年到 2016 年的抽样监测合格率数据来自国家食品药品监督管理总局官方网站。

加工制造环节不同种类食品的合格率总体都比较高，但不同种类间也有明显的差别。从主要大类食品情况看（图 3-2），2016 年乳制品、茶叶制品、蛋制品的抽检合格率都在 99%以上，分别为 99.50%、99.10%和 99.60%；肉制品和粮食加工品的合格率分别为 98.00%和 98.20%；调味品和食用油、油脂及其制品的合格率分别为97.20%和97.80%。从2016年平均抽检合格率为96.80%看，上述七类食品的抽检合格率超过96.80%的平均抽检合格率水平。酒类、饮料、水产制品、水果制品和蔬菜制品的抽检合格率分别为95.50%、95.30%、95.70%、94.70%和95.90%，没有达到96.80%的平均抽检合格率水平。

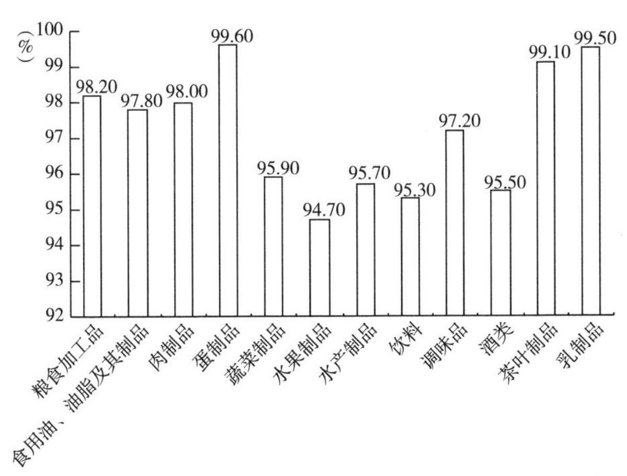

图3-2　2016年全国大类加工制造环节食品抽检合格率情况

资料来源：根据国家食品药品监督管理总局官方网站的数据整理获得。

2. 食品安全的空间分布不均衡

食品安全的地域分布存在异质性，即不同地区和不同场所的食品安全风险水平存在差异。为客观和全面描述我国食品安全的空间分布差异，本部分主要从不同场所食品抽检合格率以及不同地区食品安全事件数量两个方面来描述食品安全的空间分布情况。

（1）不同场所的食品的抽检合格率存在差异

2015年，国家食品药品监督管理总局对不同场所食品的抽检合格率情况见图3-3。

总体上看，大部分场所食品的抽检合格率在90%以上。只有机关食堂、学校/托幼食堂和网购食品的抽检合格率不到90%，其中机关食堂的合格率最低，为68.42%；学校/托幼食堂次之，为80.00%；网购食品为89.35%。在所有的场所中，菜市场食品的抽检合格率最高，为98.76%；企事业单位食堂、商场和超市食品的合格率也较高，在96%以上。其他场

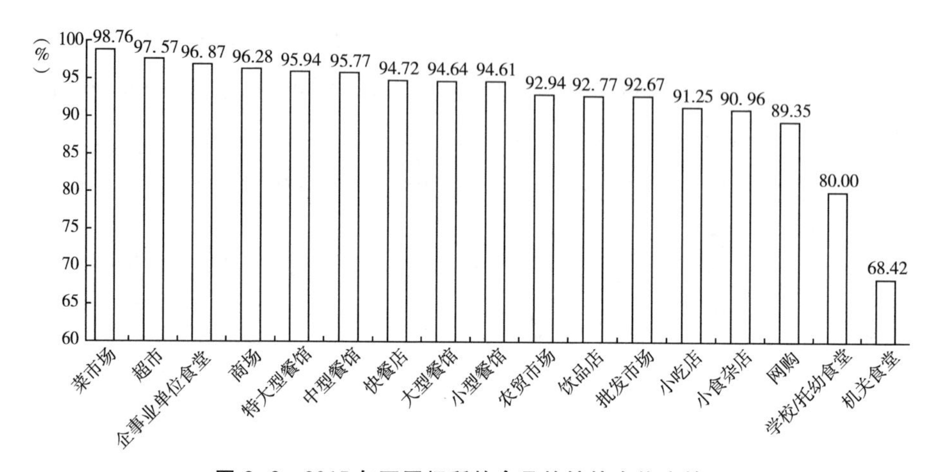

图 3-3 2015 年不同场所的食品的抽检合格率情况

资料来源：根据国家食品药品监督管理总局官方网站的数据整理获得。

所如饮品店、快餐店、大中小型餐馆、小吃店、农贸市场、批发市场和小食杂店等的抽检合格率在 90%以上，但不到 96%。

（2）不同地区的食品安全事件数量存在差异

“掷出窗外”网站是由复旦大学的研究生吴恒等创建的一个有毒食品警告网站，公布了 2005~2014 年全国各地的有毒有害食品。本部分以“掷出窗外”网站为基础，剔除时间或地点不详的数据，共获得 2617 起食品安全事件的数据，并按照事件发生的地区进行统计，获得图 3-4。从图 3-4 中可以看出，食品安全事件具有明显的地域特征。

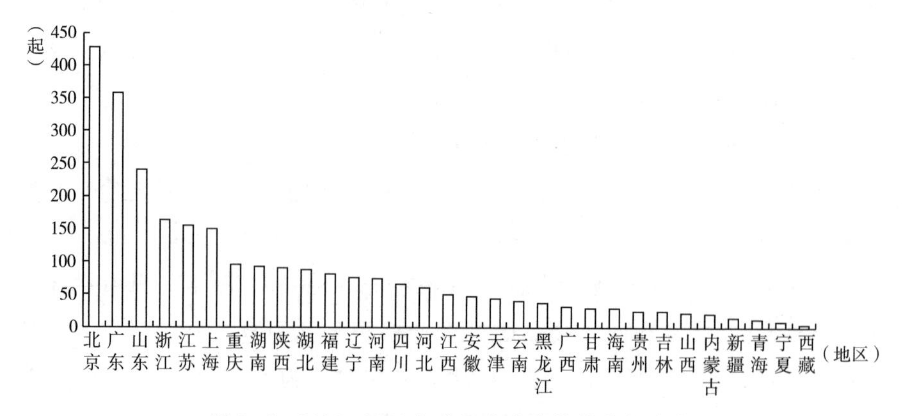

图 3-4 2005~2014 年食品安全事件的空间分布

资料来源：根据收集的 2617 起食品安全事件的数据的地区分布绘制。

东部地区的食品安全事件数量最多，如经济发达的北京、广东、山东、浙江、江苏和上海的食品安全事件数量居前六位。西部地区的食品安全事件数量最少，如西藏、宁夏、青海、新疆等地区的食品安全事件数量居后四位。中部地区食品安全事件数量居中，如湖南、湖北、江西、河南和安徽等地区的食品安全事件数量在东部地区和西部地区之间。食品安全事件之所以呈现东部地区多、中部地区次之、西部地区少的特征，其主要原因是，经济发达、人口密集地区的居民消费水平高，食品消费量大，消费的食品种类多，同一类食品可供选择的品牌丰富。在食品消费数量相对较多的情况下，发生食品安全事件的概率较高（李清光等，2015）。

3. 食品安全风险来源比较复杂

本部分主要从供应链和食品安全事件两个角度来描述食品安全风险的来源。

（1）供应链上的风险来源比较复杂

随着食品供应链日益复杂，供应链体系上的每个环节都存在引发食品安全风险的潜在危害因素。如图 3-5 所示，从农业生产的风险源头开始，供应链体系中的潜在危害因素直接或间接传导到供应链的下一个环节，导致食品安全风险逐渐累积，并最终通过人类的消费以食源性疾病或其他急性或慢性疾病的方式表现出来。

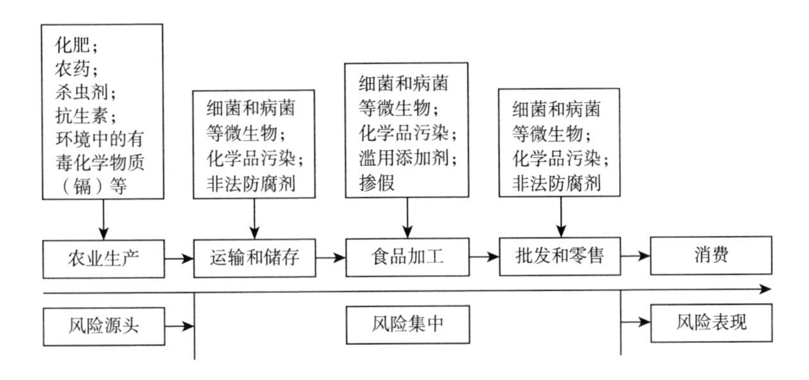

图 3-5　供应链中的食品安全风险来源

资料来源：笔者根据相关资料整理绘制。

在食品供应链中，导致食品安全问题的风险因素复杂多样。从 2016 年国家食品药品监督管理总局抽检情况看，超范围、超限量使用食品添加剂和微生物污染是抽检不合格最重要的两个原因，占比分别达到 33.60%和 30.70%，见图 3-6。此外，质量指标不符合标准、重金属等元素污染、农兽药残留超标也是抽检不合格的重要原因，占比分别为 17.52%、8.20%和 5.50%。其他抽检不合格的原因，如含生物毒素、含非食用物质、其他问题的比重较低，占比分别为 5.50%、1.10%和 2.70%。

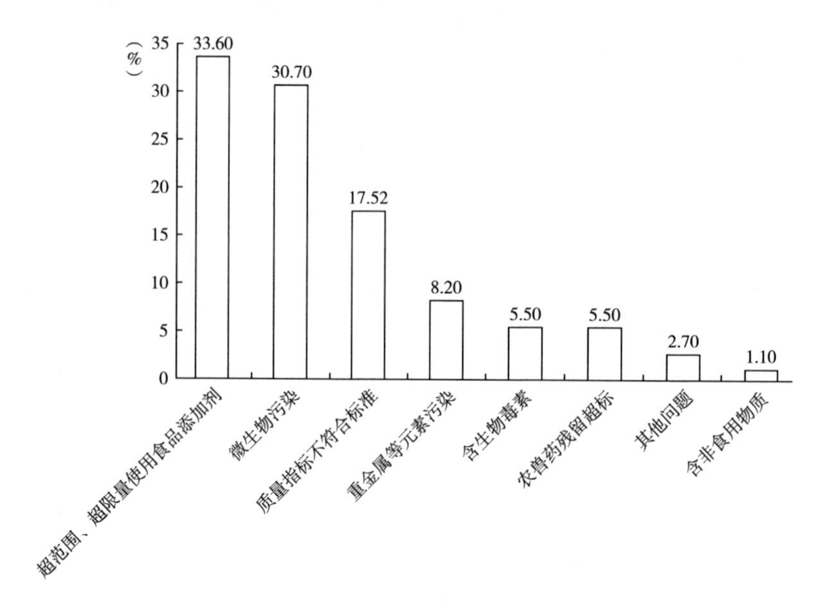

图 3-6 2016 年食品监督抽检不合格的主要原因

资料来源：根据国家食品药品监督管理总局官方网站的数据整理获得。

（2）食品安全事件的原因凸显风险来源的复杂性

由于技术、经济发展水平的差距，不同国家或地区面临的食品安全风险不同。但是根据食品安全风险的来源是否具有明显的人为特征可以将食品安全风险分为两类：一类是物理性、化学性、生物性等因素导致的食品安全风险，如环境污染、细菌和病毒等微生物污染等；另一类是食品生产经营者人为的非法生产经营行为所导致的食品安全风险，如滥用食品添加剂、故意掺假等。从我国近年来发生的食品安全事件看，具有人为特征的食品安全风险是最主要的食品安全风险源。

2007~2016年，在我国发生的食品安全事件中，具有人为特征因素的食品安全风险占比高达72.32%（李锐等，2017）。如图3-7所示，其中违规使用食品添加剂、造假或欺诈、使用过期原料或出售过期产品、无证或无照经营和非法添加违禁物所占的比重分别为33.90%、13.75%、10.95%、8.91%和4.81%。非人为因素造成的食品安全风险的占比为27.68%。其中，致病微生物或菌落超标、农兽药残留超标、重金属超标和含物理性异物的比重为10.75%、8.11%、6.56%和2.26%。由此可见，我国食品安全风险的一个显著特征是，食品安全事件主要是由具有人为特征因素的食品安全风险所造成的。

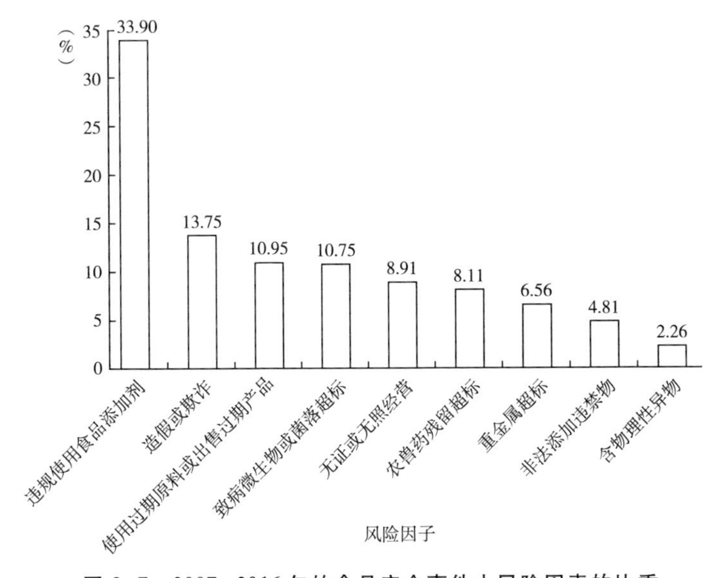

图3-7 2007~2016年的食品安全事件中风险因素的比重

资料来源：李锐、吴林海、尹世久、陈秀娟等《中国食品安全发展报告2017》，北京大学出版社，2017。

4. 食品安全事件仍处于高发期

大数据挖掘工具的数据挖掘结果显示（图3-8），2013年我国全国发生的食品安全事件为18190起，2014年和2015年又分别上升至25006起和26131起。虽然2016年全国发生的食品安全事件数量有所下降，但仍然高达 18614 起。这就意味着在 2016 年平均每天发生食品安全事件约 51 起。因此，虽然我国食品合格率水平比较高，但是食品安全事件仍处于高发期。

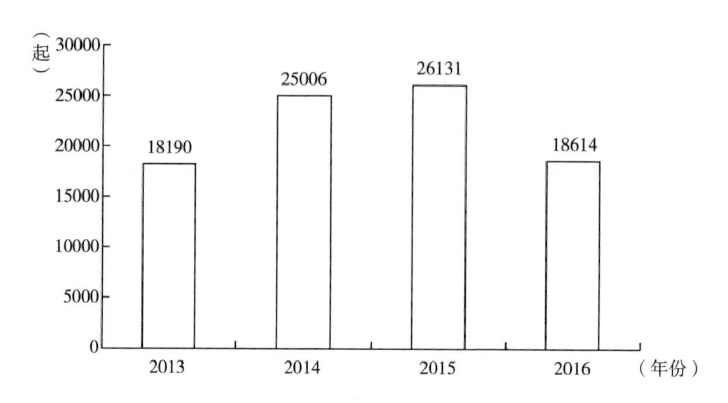

图 3-8　2013~2016 年全国每年食品安全事件数量

资料来源：李锐、吴林海、尹世久、陈秀娟等《中国食品安全发展报告2017》，北京大学出版社，2017。

（二）我国食品安全风险的产生原因

我国食品安全风险产生的原因非常复杂，其中包括但不限于如下几个方面。

1. 特定的发展阶段的原因

根据国际经验，食品安全状况与恩格尔系数（食品消费支出占消费总支出的比重）密切相关。当恩格尔系数大于 50%时，消费结构为生存型，政府将农业和食品工业作为公共物品，直接由自己掌控，因此食品安全问题较少。当恩格尔系数大于 30%且小于 50%时，消费结构由生存型向发展型转变，由于农业和食品工业的快速发展和食品安全监管体系改革滞后的矛盾，食品安全问题高发。当恩格尔系数小于 30%时，随着农业和食品工业趋于成熟和食品安全监管体系的完善，食品安全问题的发生会趋于平缓。近年来，我国的恩格尔系数基本上处于 30%~50%，农业和食品工业快速发展，与食品安全监管体系改革滞后形成尖锐矛盾，因此食品安全风险较大，食品安全事件发生数量较多，种类复杂。随着我国恩格尔系数降低到 30%以下，食品安全问题的发生将逐渐进入平缓期，未来食品安全风险会下降，食品安全事件的数量将会不断下降。

2. 长期矛盾和新型风险叠加

我国食品安全风险发生的原因十分复杂，既有长期以来粗放式的工业发展路径破坏生态环境的原因，也与多年来农业生产中过量使用农药等化学品导致产地环境污染有关。食品安全事件数量居高不下，这是长期以来积累的一系列矛盾的必然结果。同时，网络订餐、海外代购等新商业模式不断涌现，新产品、新工艺、新包装材料和食品添加剂等种类日益增多，"从农田到餐桌"的食品供应链更加复杂等也引发了新型风险。长期矛盾和新型风险叠加，加上食品安全监管体系不够健全（如法律法规和标准修订严重滞后等），最终造成食品安全风险和事件。

3. 过量使用农药等化学品

在食用农产品种植中，我国主要使用农药等化学防治措施来减少病虫害，并随之带来了病虫害抗药性上升和病虫害暴发概率增加的问题，而这又带来农药使用的增加，并陷入恶性循环。绿色防控措施通过生态调控、生物防治、物理防治和科学用药等技术减少病虫害的发生，可以降低农药使用量。但是，我国绿色防控技术的应用仍比较少（Gao et al.，2017）。而且，我国以小规模分散化生产为主，农户的农药使用技术水平不高，客观上造成了过量使用农药的问题，加剧了食用农产品的农药残留超标现象，这是食用农产品安全风险的主要来源。

4. 不合理的产业结构

我国的食品企业规模化程度低，绝大多数为中小企业，此外还有规模庞大的小作坊等。"多、小、散、乱"等问题仍未能从根本上改观。另外，生产加工环节的风险来源复杂，安全隐患大。卫生条件差、造假或掺假、乱用或滥用添加剂、原料不合格、加工工艺不合格等都会导致安全风险。而且，生产加工环节的安全风险极其隐蔽，难以发现。对于因卫生条件和加工工艺不合格等造成的安全风险，在很多情况下，即使食品生产经营者也不知情。对于人为故意造假或掺假等造成的食品安全风险，发现的难度更大。

5. 诚信缺失和监管不严

一方面，我国的食品行业诚信自律机制远未建立，部分企业及从业人员的自律意识不强、道德素质不高、质量安全意识和法律意识淡薄，诚信缺失，逃避监管。另一方面，虽然政府部门不断强化监管，但监管措施仍不完善。在依靠政府监管“一条腿走路”的状况下，我们可能无法及时发现食品生产经营者的不当甚至违法犯罪行为，使其逃避了经济处罚或法律制裁。即使发现，但现行的法律法规是以安全非法所得额为依据进行处罚的，处罚力度较小，威慑力不够，由此带来的“破窗效应”又恶性循环地助长了从业者的投机行为，甚至可能形成社会危害和影响极大的行业“潜规则”。

二　地方政府负总责的内涵

党和政府非常重视食品安全问题，长期以来不断改革和完善食品安全监管的体制和制度。地方政府负总责是我国食品安全监管中的一个特色。作为一种行政管理制度，地方政府负总责最早出现于20世纪90年代的计划生育工作中。但随着时间的推移，地方政府负总责的适用范围越来越广。2009年的《食品安全法》首次把地方政府负总责引入食品安全监管。在此之后，与食品安全监管相关的法律法规都明确规定：县级以上地方人民政府对本行政区域的食品安全监督管理工作负责。这些都清楚地表明了地方政府负总责是我国食品安全监管的基本管理制度。

地方政府负总责是指地方政府作为行政辖区的责任主体要将食品安全监管工作纳入本地区经济社会发展规划和政府工作考核体系，制订并组织实施食品安全监管年度计划，为食品安全监管提供制度、体制、人员、技术等保障，切实达到中央政府对食品安全监管的要求，并承担不能完成目标的行政责任和法律责任的一种制度安排。显然，地方政府负总责是一种基于属地管理的分权监管模式。在地方政府负总责模式下，地方政府掌握着“人、财、物”的调配权力，并承担着食品安全监管的事权。地方政府要履行法律和中央政府赋予的相应职责。如果未履行好职责，地方政府就会被中央政府问责。

正确认识地方政府负总责需要注意以下三个问题。一是地方政府负总责是中央和地方事权划分在食品安全事务上的具体体现。在食品安全监管方面，中央和地方间的权力配置主要有集权式和分权式两种方式（蒋绚，

2015)。集权式监管采用的主要是垂直管理。分权式监管采用的主要是属地管理。在集权式的垂直管理中，中央政府集中行使监管立法权，并在各地设立垂直的监管机构，负责地方的监管事务，并承担相应的监管责任。地方政府负总责模式是实行分权式监管，在中央政府的监督指导下，地方政府统筹人、财、物等资源，负责辖区内的食品安全。

二是地方政府既要对本级政府的职责负责，又要对下属监管部门的职责负责。根据《食品安全法》的规定，食品安全的责任体系由三个方面构成：地方政府对食品安全负总责；各个监管部门对食品安全各负其责；食品企业是食品安全的第一责任主体。在这个责任体系中，每个层次的责任主体除了要对自己的工作负责以外，还要对下个层次的工作负责。因此，地方政府负总责就意味着地方政府既要对本级政府的职责负责，同时也要对下属的各个监管部门的职责负责。

三是地方政府负总责的核心是要厘清不同主体间的关系。地方政府负总责主要厘清了两个关系。一是理顺了中央政府和地方政府的关系。在地方政府负总责模式下，中央政府主要通过政策和规范性文件的制定等手段，推动全国的食品安全监管工作。地方政府在中央政府的授权下落实辖区内的食品安全工作。二是理顺了地方政府和监管部门的关系。在地方政府负总责模式下，将食品安全监管的责任都放置到地方政府的肩上，有助于地方政府加强对监管部门的组织整合。这可以充分发挥监管部门的作用，从而摆脱自上而下的路径依赖。

三　地方政府负总责模式形成的历史脉络

地方政府负总责模式的形成并非一蹴而就，其逐步形成并最终落地的过程主要经历了四个阶段，即行业主管部门负责阶段、地方政府责任先加强后放松阶段、准地方政府负总责阶段和地方政府负总责阶段。另外需要说明的是，我国的食品安全监管可以分为两个阶段，即食品卫生阶段和食品安全阶段。

（一）1949~1981年：行业主管部门负责

新中国成立初期，由于经济基础非常薄弱，食品生产供不应求的矛盾非常突出，中央政府的主要目标是提高食品生产效率和资源配置效率，保证食品供给的充足和稳定。因此，在这个时期内，中央政府的政策以经济性规制为主，以提高食品卫生和安全水平为主要目的的社会性规制处于次要地位。由于食品卫生和食品安全在国家经济社会事务中的重要性并不显著，中央政府没有设立独立的机构负责食品安全。

在这个时期内，政府行使了“超级企业”的职能，统一组织社会生产和直接管理企业。轻工业部、粮食部、农业部和供销合作社等不同部门都有自己的食品生产经营单位。例如，轻工业部门负责饮料等食品的生产经营；商业部门负责食品在城市地区中的流通。为确保食品卫生和安全以及正常的生产经营秩序，各行业主管部门都专门建立了各自的卫生监管部门和相应的监测机构，直接对下属的生产经营单位进行管理和监督。例如，轻工业部门负责饮料等食品的质量监管，商业部门负责城市地区流通的食品的质量监管。显然，在这个时期内，食品安全监管职能融合在行业主管部门的职能之中，并没有独立出来。

此外，地方政府仅仅是中央政府的派出机构。地方政府与负责食品安全监管的行业主管部门之间是平行关系。而且，相关法律法规都没有对地方政府的食品安全监管责任提出任何要求。因此，总体上看，地方政府几乎不承担任何食品安全监管责任，行业主管部门是食品安全监管责任的主体。因此，这个阶段可以视为行业主管部门负责的阶段。

（二）1982~2003年：地方政府责任先加强后放松

20世纪80年代初，为激发地方政府的活力和潜能，食品安全监管开始实行属地管理，地方政府的食品安全监管责任不断加强。1982年，全国人大制定的《中华人民共和国食品卫生法（试行）》首次将食品卫生问题由国家法规上升到国家立法高度。该法明确规定，行业主管部门在促使企业确保食品卫生方面仍然要承担责任。但是，地方各级卫生行政部门领导食品卫生监督工作。这是我国历史上首次在法律上明确了地方政府的食品卫生监督责任。

1991年，针对上下级卫生监督和监测机构不协调的问题，卫生部发布了《卫生部关于卫生监督监测工作实行分级管理的通知》，明确了各个级别的卫生监督和监测机构的权限。其中，县级卫生监督和监测机构对辖区内被监督单位实施卫生监督和监测。在监督和监测技术难度大、社会影响大和重要涉外的情况下，地市级以上卫生行政部门可对被监督单位直接实施卫生监督和监测。这个通知实际上明确了县级卫生行政部门对辖区内的食品卫生负责的制度。

1995 年《中华人民共和国食品卫生法》（以下简称《食品卫生法》）颁布实施，废除了政企合一体制下主管部门的管理权限，明确了由国务院卫生行政部门主管全国食品卫生监督管理工作，部门分级管理，相对集中与统一的食品卫生监管体制。其中，第 32 条明确规定，县级以上地方人民政府卫生行政部门在管辖范围内行使食品卫生监督职责。与此同时，地方政府农业、工商和质监等部门也不同程度地承担起监管职责。因此，《食品卫生法》的颁布实施实际上已显示出地方政府负总责的基本轮廓。

然而，地方政府的自主性增强导致了地方保护主义问题。20 世纪 90 年代中期以来，中央政府陆续收回了地方政府在食品安全监管上的权力，开始实行省以下垂直管理。根据 1998 年的《国家工商行政管理局工商行政管理体制改革方案》，工商行政管理局在省级以下机关实行垂直管理。此后，质监部门也改行省级以下垂直管理模式。2000 年，国家又组建了省以下垂直管理的食品药品监督管理局。随着食品安全变为省以下垂直管理，市和县级地方政府的食品安全监管权力实际上被削弱了。

（三）2004~2008 年：准地方政府负总责

2004 年，国务院发布的《国务院关于进一步加强食品安全工作的决定》明确提出“地方各级人民政府对当地食品安全负总责，统一领导、协调本地区的食品安全监管和整治工作”。这是我国首次旗帜鲜明地提出要在食品安全监管领域实施地方政府负总责制度。针对农产品质量安全问题频发，尤其是农药残留超标导致的中毒事件多发和农产品贸易中存在技术性贸易壁垒等问题，2006 年全国人大又专门制定了旨在保障农产品质量安全的《农产品质量安全法》。虽然《农产品质量安全法》中没有出现“地方政府负总责”的字眼，但仍然规定县级以上地方人民政府统一领导、协调本行政区域内的农产品质量安全工作。这其实是对地方政府负总责的另一种表述。2009年制定的《食品安全法》也明确提出，县级以上地方人民政府对本行政区域的食品安全监督管理工作负责。

虽然全国人大和国务院制定的所有事关食品安全的法律法规都要求县级以上地方政府统一负责本辖区的食品安全监管，但要真正实施地方政府负总责，还必须落实一系列配套措施。其中，最重要的是要实现地方政府统筹食品安全监管的所有人、财、物等资源。然而，工商、质监和食药监等行使食品安全监管的职能部门不受地方政府的直接管理，这就意味着地方政府负总责的制度安排与国家食品安全监管部门的体制设计并不吻合。因此，此时的地方政府负总责并非真正的地方政府负总责，而是准地方政府负总责。

（四）2009年至今：地方政府负总责

针对地方政府负总责和监管部门省级以下垂直管理的矛盾，2008年国务院办公厅下发的《国务院办公厅关于调整省级以下食品药品监督管理体制有关问题的通知》明确提出，食品药品监管机构改行地方管理模式。2009年全国人大颁布实施的《食品安全法》也明确规定，食品药品监管机构要由省级以下垂直管理调整为分级管理，并将原来属于省级政府的人事权赋予对应的市级和县级政府。在这个时期，地方政府承担了辖区内的食品安全工作的所有责任，同时获得了统筹安排与食品安全监管相关的所有人、财、物等资源的权力。因此，以地方政府负总责为特征的属地管理模式基本成形。这表明准地方政府负总责正式过渡到地方政府负总责。此后，在2011年，国务院将工商和质监部门的省级以下垂直管理体制变更为地方政府分级管理的体制。

然而，食品安全监管体制改革并未停止。这个时期的改革以横向的权力配置改革为主，主要是多部门分段监管体制向部门权力集中的大部制转变。2013年，《国务院关于地方改革完善食品药品监督管理体制的指导意见》要求，地方政府参照国务院整合食品药品监督管理职能和机构的模式，将相关食品安全监管部门的管理职能进行整合，组建食品药品监督管理机构，由其对食品实行集中统一监管。2018年，国务院在国家层面上组建了国家市场监督管理总局，作为国务院直属机构，负责食品安全监管工作。但是，以地方政府负总责为特征的纵向体制并没有变动。

四　地方政府的监管工具

在地方政府负总责模式下，地方政府负责辖区内的食品安全工作。在我国，地方政府落实食品安全监管的工具复杂多样，其中主要包括如下几个重要和常用的工具。需要说明的是，这些工具是地方政府落实食品安全监管的主要手段，这些手段体现了传统的行政监管的特征，在保障食品安全上发挥了重要作用，但也有其局限性。随着行政监管向社会治理的转变，食品安全风险的治理工具将会更加丰富和多样化。

（一）食品安全标准和市场准入

食品安全标准是指针对每一种食品都制定一个具体的质量标准，要求所有的食品生产企业都必须执行这种质量标准。食品的标准化还可以降低消费者评估食品质量不确定的成本，降低消费者和生产者的信息不对称程度。因此，大多数发达国家都通过制定食品安全标准强制性地要求企业生产符合要求的食品（Rouvière & Cashwell，2012）。根据我国《食品安全法》的规定，食品生产经营者应当依照法律、法规和食品安全标准从事生产经营活动，建立健全食品安全管理制度，采取有效的管理措施，保证食品安全。食品安全国家标准由卫生部门负责，根据安全风险评估结果，参照国际标准和国际评估结果，在广泛听取利益主体意见基础上，由食品安全国家标准审评委员会审查通过。

市场准入指市场主体或交易对象被政府准许进入市场的程度和范围。食品生产者必须在生产必需设备、生产环境、工艺流程、检验能力、人员要求等方面能够切实保证食品质量安全的条件下，才能够从事正常的生产经营活动。我国的食品安全市场准入主要通过生产许可证、强制检验和准入标志三项具体制度实现。但是，我国的食品安全市场准入制度尚存在较多问题，例如缺乏统一的市场准入标准以及消费者的认知程度低等。准入标志是向消费者传递质量安全信号的重要载体，其作用类似于标志认证和可追溯制度。但是，标志认证和可追溯是自愿性的，准入标志是强制性的。消费者对准入标志的认知水平高低直接或间接决定着是否能激发出食品生产者改善食品安全状况的行为动机。然而，何坪华等（2009）对武汉消费者的实证研究发现，消费者对准入标志的认知水平总体上不容乐观。

（二）监督抽检和日常监督

实施食品安全标准和市场准入制度都离不开信息。以食品安全标准为例，当制定系统和完善的食品安全标准体系后，政府还要获得生产者的食品安全水平信息并和标准进行比对，才能确定生产者是否满足监管要求。地方政府主要是通过监督抽检、日常监督和专项活动等方式获取生产者的食品生产信息。其中，监督抽检最为重要，是进行食品安全风险监测和风险评估的基础，同时也是依法对生产者进行惩罚的重要依据（全世文、曾寅初，2016）。监督抽检是指在日常监督检查、专项整治、案件稽查、事故调查、应急处置等工作中，食品药品监督管理部门依法对食品（含食品添加剂、保健食品）组织的抽样、检验、复检、处理等活动。根据国家食品药品监督管理总局《2018 年食品安全抽检计划》，2018 年食品安全抽检计划涵盖 33 个食品大类、137 个食品品种、218 个食品细类，共抽检 135.05 万批次。通过对重点区域、重点企业、重点品种、重点项目、重点环节及重点业态的覆盖性抽样检测，可以有效地了解和掌握主要食品的安全水平。食品安全风险监测需要由专业的检测技术人员利用先进的技术装备对食品中的危害物质进行定量分析。为实施监督抽检，地方政府要负担高昂的检测成本。谢康等（2015）根据深圳市 2013 年的数据估算出全国各环节农产品批发市场检测总费用需要 2721 亿元，占全国 GDP 的 0.5%。如果要对包括农产品在内的所有食品都进行检测，每年的总检测费用将占到全国 GDP 的 1.5%。需要说明的是，仅仅从检测的绝对成本视角仍无法完全明晰地方政府面对的监管困境。用于检验检测的实验室建设需要大量的技术设备、场地等不可变要素的投入。即使财政资金充裕，在短期内，地方政府能够检测的样本规模也是有限的，无法做到全覆盖。而且，如果盲目扩大抽检规模，执法人员的执法负荷就会非常大。

日常监督也是当前地方政府发现食品安全问题的重要途径。但是，我国食品安全的产业基础极为薄弱。截至 2014 年年底，各类有证的食品生产经营主体数量已达 1100 多万家，其中，中小食品企业占全国食品企业总数的90%以上，无证的小作坊、小摊贩、小餐饮店更是不计其数。监管部门监管能力建设难以满足现实的监管需要，日常监督检查的压力巨大，任务繁重。而且，基层监管人员基本上都是半路出家，缺乏技术要求比较高的食品安全监管所需的必要经验和知识。

（三）行政处罚和刑事处罚

当通过信息工具发现食品生产者未按照法律、法规满足食品安全标准或市场准入的要求时，政府会进行惩罚或采取行政强制措施。在具体执法实践中，政府主要是根据《食品安全法》和《中华人民共和国行政处罚法》的相关规定，秉持处罚法定、处罚相当等原则，对违法违规的食品生产者实施行政处罚的。但是，现行的法律和法规是以安全非法所得额为依据进行处罚的，处罚力度较低，威慑力不够。针对长期以来行政处罚的力度比较小的问题，2015年我国新修订的《食品安全法》提出了包括严格的处罚在内的“四个最严”的要求。因此，近年来地方政府逐步提高了对违法行为罚款的起点。

此外，食品安全事关人民群众的切身利益。为了充分运用法律武器，严厉惩治危害食品安全犯罪，有效遏制食品安全犯罪的猖獗势头，我国的《刑法》中设置了生产、销售有毒有害食品罪，生产、销售不符合卫生标准的食品罪，生产、销售伪劣产品罪，以危险方法危害公共安全罪，非法经营罪等。近年来，我国不断加强“检打联动”，建立健全行政执法与刑事司法衔接机制，依法坚决打击生产与加工环节的食品造假、非法添加等犯罪行为，震慑食品安全犯罪行为。

（四）税收优惠和财政补贴

近年来，中央政府和地方政府也不断尝试通过税收优惠、财政补贴和贷款审批等经济性激励引导食品生产经营者自觉加强食品安全控制。例如，2016年，国家发改委、国家食品药品监督管理总局等28个部门和单位联合签署《关于对食品药品生产经营严重失信者开展联合惩戒的合作备忘录》，明确可将食品生产企业严重失信者列为税收管理重点监控对象，加强纳税评估，提高监督检查频次，并对其享受税收优惠从严审核。2016年，浙江省食安办在全省部署推进农村食品安全金融征信体系建设试点工作，金融机构根据食品生产企业是否有食品安全违法行为进行评估，并将评估结果直接和授信额度和贷款利率等挂钩。2006年深圳市制定了《深圳市食品安全“五大工程”政府扶持资金管理暂行办法》。该办法明确要对生产设备、场地、原料、辅料、包装必须符合国家有关食品卫生和质量的相关标准的豆制品企业进行资金扶持。此外，地方政府还促进企业根据《食品工业企业诚信管理体系（CMS）建立及实施通用要求》（QB/T 4111—2010）加入诚信管理体系，强化诚信意识，并通过劝告和教育等方式从思想上引导和教育食品企业诚信经营。

五　本章小结

本章基于国家食品药品监督管理等部门的统计数据描述了我国食品安全风险的总体形势与产生原因，利用文献资料回顾了地方政府负总责的历史脉络，并简要分析了地方政府的监管工具。基于上述研究，可以得到如下结论。

（1）我国的食品安全形势总体稳定且趋势向好，但局部地区和领域仍存在较大风险。从监督抽检情况看，我国的初级农产品和加工制造环节食品的抽检合格率都相对较高，基本上保障了居民对安全食品的消费需求。但是，不同场所的食品安全监督抽检合格率以及不同地区的食品安全事件数量存在较大的差异，表明食品安全水平存在不平衡性。此外，食品安全风险的来源复杂，其中违规使用食品添加剂、造假或欺诈等人源性食品安全风险较为严重。

（2）新中国成立以来我国地方政府的食品安全监管事权不断强化，并最终形成了地方政府负总责的制度安排。地方政府负总责是中央政府为提高地方政府的积极性和创造性所实施的地方分权式改革在食品安全监管领域的具体体现。地方政府负总责是我国食品安全基本管理制度，但其确立并不是一蹴而就。新中国成立以来，我国大致经历了行业主管部门负责、地方政府责任先加强后放松、准地方政府负总责三个阶段后，最终确立了地方政府负总责的制度安排。

第四章
地方政府负总责模式下存在的三个问题：理论分析框架

就食品安全监管而言，地方政府能否落实好中央政府赋予的监管责任是决定食品安全监管绩效的关键所在。而且，从近年来我国食品安全的现状看，食品安全风险演变成食品安全事件的背后都和地方政府以及地方政府负总责的制度安排存在或多或少、或明或暗的联系。众多食品安全事件背后的原因都可以追溯到地方政府负总责上。基于上述考虑，本书选择地方政府负总责作为研究主线，紧紧围绕地方政府负总责的制度安排来探讨食品安全监管失灵的原因以及应该如何加以解决。

基于地方政府负总责的视角来研究食品安全监管问题可以从三个维度构建理论分析框架，同时这也是地方政府负总责模式下的食品安全监管要回答的主要问题：一是中央政府和地方政府的食品安全监管事权划分是否合理；二是现实中哪些因素会产生激励扭曲，从而导致地方政府弱化食品安全监管；三是只依靠政府监管的单一监管模式为什么会失灵，地方政府应该如何把社会主体也纳入食品安全监管体系，构建社会共治体系。

一　中央和地方政府的事权划分的合理性

中央政府要合理地划分中央政府和地方政府的食品安全监管事权，从而充分发挥中央政府和地方政府的优势。地方政府负总责实际上反映了中央政府将所有监管事权都下沉到了地方政府。那么，地方政府负总责的事权划分方式是否合理就成为首要问题。因此，食品安全监管的事权划分是本书研究的第一个问题。

（一）公共物品事权划分的基本原则

根据奥茨提出的公共物品供给的“分权定理”和奥尔森提出的公共物品供给的“对等原则”，服务于全体居民的全国性公共物品应该由中央政府供给，服务于特定地区居民的地方性公共物品应该由地方政府供给（表4-1）。奥茨的“分权定理”和奥尔森的“对等原则”实际上明确了中央政府和地方政府供给公共物品的效率原则（曹正汉、周杰，2013）。

全国性的公共物品，如国防、外交、基础科学研究等的受益群体是整个国家的所有国民，理所当然地应该由中央政府供给。如果让地方政府供给全国性公共物品，那么必然会导致公共物品供给量远远小于帕累托最优状态下的供给量，从而会出现供给不足的问题。而且全国性公共物品需要大量的资源投入，地方政府没有能力提供足够的公共物品。因此，全国性公共物品只能由中央政府来供给。

地方性公共物品，如道路绿化、公园、博物馆、排水系统、路灯等的受益群体是特定地区的居民，理所当然地应该由地方政府供给。而且，在地区性公共物品的供给上，地方政府具有天然的优势。一方面，由于具有获取本地信息的优势，同时也更了解本地居民的偏好，地方政府能够提供更符合本地居民要求和偏好的公共物品。另一方面，居民通过“用脚投票”的方式选择公共物品供给更好的地区，可以激励地方政府展开竞争，从而提高公共物品的供给效率。由中央政府来提供地方性公共物品必然会导致效率损失。

表4-1 公共物品的供给主体

种类	公共物品	受益范围	提供者
全国性公共物品	国防、外交、基础科学研究	全国	中央政府
地方性公共物品	道路绿化、公园、博物馆、排水系统、路灯	特定地区	地方政府

资料来源：笔者根据资料整理。

作为一个整体，政府的基本职责是为社会提供公共物品以满足公共需要（李森，2017）。全国性公共物品应当由中央政府来提供，以实现全国范围内公共服务均等化和高效率配置。地方性公共物品由地方政府负责提供，不仅效率更高，而且有利于将成本分摊与受益分享直接挂钩（刘剑文、侯卓，2017）。另外需要说明的是，部分学者认为，除了全国性公共物品和地方性公共物品外，还存在跨地方的区域性公共物品，比如跨区域的江河等。这种看法具有一定的合理性。但是为了便于分析研究，本书假定仅仅存在全国性公共物品和地方性公共物品。这样假定并不影响最终的分析结论。

（二）地方政府负总责模式下的事权划分

在地方政府负总责模式下，事权划分的基本特征是，地方政府既承担了全国性食品安全供给，同时还承担了地方性食品安全供给。而中央政府主要负责食品安全监管的指导等工作，不承担具体的监管事务。在非社会化生产条件下，食品的生产和消费都是限定在某个特定的区域之内的，即食品安全都是地方性的。但在社会化生产条件下，随着食品供应链的延长和日益复杂化，以及食品生产的规模化，食品安全早已超出了某个特定地区，成为全国性的。一般而言，对于任何一个国家，食品安全既不是单纯的地方性食品安全，也不是单纯的全国性食品安全，地方性食品安全和全国性食品安全是共同存在的。

作为公共物品，食品安全的监管在中央和地方间的事权划分应该考虑到食品安全的受益范围。根据公共物品供给的对等原则和分权原则，对于全国性食品安全，中央政府应该负责供给；对于地方性食品安全，地方政府应该负责供给。在地方政府负总责模式下，地方政府既负责提供全国性食品安全，同时还负责提供地方性食品安全。显然，地方政府负总责模式下的食品安全监管事权划分违背了公共物品供给的对等原则和分权原则，不够合理。换句话说，地方政府负总责弱化了中央政府的食品安全监管事权和责任，导致本应属于中央政府监管的全国性食品安全也交由地方政府负责。这必然会导致地方政府在应对跨区域的食品安全风险或食品安全事件时力不从心。

二 地方政府弱化食品安全监管的问题

在地方政府负总责模式下，地方政府是食品安全监管的主体。在供给食品安全这个公共物品或进行食品安全监管时，地方政府是否会尽心竭力就变得非常重要。现有的研究认为，地方政府和地方政府的官员满足经济人假设（黄少安，1999）。地方政府的官员追逐自身的政治利益和经济利益最大化。因此，在制定和实施食品安全政策时，地方政府的官员也要进行成本收益的权衡（Henson & Caswell，2004）。在利益偏好驱使下，地方政府可能会出于激励扭曲、规制俘获等原因而弱化食品安全监管。因此，探讨地方政府弱化食品安全监管的原因以及中央政府应该如何促进地方政府加强食品安全监管就成为落实地方政府负总责这一制度安排的重要内容。这是本书研究的第二个问题。

（一）地方政府弱化食品安全监管的主要表现

地方政府弱化食品安全监管的表现可以从不同的视角来解读，但从行为上的表现更能准确地描述地方政府弱化食品安全监管的现状。表 4-2 反映了现实中地方政府弱化食品安全监管的主要表现。

表 4-2 地方政府弱化食品安全监管的主要表现

工作	具体内容	行为特征
信息公开	信息发布	隐瞒真实信息，发布虚假的信息欺骗中央政府和消费者
日常监管	抽样检测	放弃自身抽样检测的责任，并反对其他主体的监督式抽检
	监督检查	平时放松监管；敏感时刻，通风报信后，运动式地打击个别违规者
	能力建设	不重视监管工作，监管力量薄弱
行政问责	行政惩罚	平时基本不惩罚或力度很小；问题曝光后，以促进经济发展为借口进行包庇
	官员问责	对涉事官员问责力度小；即使问责，事情过后，涉事官员异地任职
廉政建设	廉洁工作	个别官员接受被监管者的贿赂，违规发放食品生产许可证等

资料来源：笔者根据资料整理。

一是在信息公开上，地方政府发布信息时可能会隐瞒真实信息，甚至发布虚假信息欺骗中央政府，骗取中央政府的信任。例如，在三聚氰胺婴幼儿奶粉事件中，即使媒体曝光后，地方政府仍然试图掩盖事实真相，意图瞒天过海。二是在日常监管上，地方政府在抽样检测和监督检查上往往敷衍了事，导致对食品安全风险线索和信息的搜集不充分。在能力建设上，地方政府不重视食品安全监管的资源投入，导致基层监管部门的监管能力不能满足客观现实的需要。三是在行政问责上，一些地方政府往往对渎职和懒政行为，以及恶性食品安全事件的直接责任人网开一面，处罚力度不够。四是在廉政建设上，个别官员追求私人利益，接受被监管者的贿赂，为被监管者的违法违规行为大开绿灯。

（二）地方政府弱化食品安全监管的原因

地方政府弱化食品安全监管的原因可以从以下三个方面来分析和阐述。

1. 激励的扭曲

对中央政府而言，地方政府承担着实现经济增长的经济目标和确保食品安全的社会目标的双重任务。中央政府容易监督到地方政府在经济目标上的努力程度，却很难评估地方政府在食品安全等社会目标上的努力程度。因此，中央政府对易于监督的经济目标的过度激励就会诱使地方政府将过多的努力用在经济目标上，而忽视食品安全等社会目标，从而导致激励的扭曲和低效。此外，往往地方政府官员会追求政治上的职位晋升，而获得晋升的重要条件是确保本地区的经济快速增长。因此，经济增长是重要的强激励，相对而言食品安全的激励较弱。而且，经济发展和食品安全监管任务的努力成本是替代性的，这就可能导致地方政府为实现经济增长而牺牲食品安全，从而导致地方政府弱化食品安全监管。

2. 地方政府被食品企业俘获

根据新规制经济学的规制俘获理论可知，当中央政府委托地方政府对食品生产者进行监管时，三者之间就形成了一个中央政府—地方政府—食品生产者的三层委托代理关系。当中央政府和地方政府存在信息不对称，且地方政府能够和食品生产者重新谈判时，地方政府就可能被食品生产者俘获。比如，食品生产者可能通过游说等手段使地方政府制定更有利于食品生产者的监管政策。再如，食品生产者也可能通过利益输送等手段使地方政府放松抽样检测、放松食品生产许可证和食品流通许可证等证件的办理，以及减轻对企业的处罚等。

3. 地方政府监管意愿和行为的背离

虽然地方政府的决策会受到社会环境和制度土壤等外部环境的影响，但本质上地方政府有完全控制行为的能力。地方政府的决策是在不同的时间维度，根据不同的收益函数，由地方政府官员或以地方政府官员为主体的决策群体基于环境分析而作出的符合最优化原则的决策。因此，地方政府是否会加强监管取决于监管带来的收益。

然而，在不同的时间维度中，地方政府的监管收益是不同的。从长期来看，食品安全监管可以通过提高本地区的食品安全水平为地方政府带来收益，同时也可以避免被中央政府问责造成的损失。地方政府加强食品安全监管是有利可图的。因此，在进行长期决策时，关注长期收益的地方政府会有加强监管的意愿，即地方政府不会弱化食品安全监管。但是，从短期来看，食品安全监管需要大量的行政资源投入，而且监管的收益只有在未来才能实现。根据行为经济学的认知短视理论，决策主体在进行短期决策时更关注短期收益。然而，从短期收益来看，加强食品安全监管是得不偿失的。

长期决策反映出决策者的意愿，短期决策则反映出决策者的行为。地方政府在长期决策和短期决策上的不一致现象恰恰反映出地方政府在食品安全监管的意愿和行为上出现了背离。这就意味着，即使地方政府没有弱化食品安全监管的意愿，但是在具体落实监管政策时仍有可能会弱化食品安全监管。

三　单一行政监管已力不从心

根据社会治理理论，社会治理也可以成为公共物品供给的重要方式。地方政府负总责意味着地方政府是食品安全供给最重要的主体。然而，只依靠政府的行政监管无法治理食品安全风险，因此政府就需要将社会主体也纳入食品安全治理体系中来，构建食品安全社会共治体系。因此，将单纯的行政监管向社会主体参与的社会治理转变就成为本书研究的第三个问题。

（一）单纯依靠政府的行政监管已力不从心

长期以来，我国一直实践着典型的“大政府、小社会”的管理模式。政府在社会生活中承担着没有边界的责任。政府决定着整个社会资源的配置和利用。那么，单纯依靠地方政府的行政监管是否能够有效地保障辖区的食品安全呢？关于这个问题，存在两种观点：一种观点认为，政策是有效的，可以弥补和纠正市场失灵；另一种观点则认为，由于信息不对称、有限理性与私人利益驱使，政策往往被扭曲，因此政策是无效的。更麻烦的问题是，现实中既有支持政策有效的案例，又有支持政策无效的案例。因此，政策的有效性就成为一个长期争论却至今仍未达成共识的问题。

部分研究为我们了解食品安全监管绩效提供了证据。例如，刘鹏（2010）的研究发现，自20世纪90年代到2002年，在以卫生部门为主导的监管机制下，食物中毒事故、食物中毒人数及死亡人数处于下降趋势，食品卫生抽检合格率则处于上升趋势。这表明在该阶段我国食品安全监管工作取得了明显成绩。国家食品药品监督管理总局的成立和新修订的《食品安全法》的正式施行标志着我国终结了分散式的监管体制，大部制食品安全监管体制初步形成。李长健等（2017）引入BSC（平衡计分卡）作为分析工具，对大部制改革后的食品安全监管进行绩效评价得出，现阶段中国食品安全监督绩效为“良”。尽管如此，政府在食品安全监管绩效方面仍面对质疑和现实的挑战。造成这种现象的主要原因是政府也可能会失灵。政府失灵的原因很多。一方面，地方政府也是理性经济人，有自身或部门的利益追求。在理性选择时，地方政府可能会偏离法定的监管目标，甚至扭曲监管资源配置。另一方面，利益集团的游说、寻租、不作为等都可能导致食品安全监管的政府失灵。

即使地方政府不会弱化食品安全监管，但由于监管资源的稀缺性，政府失灵仍然会存在。在我国，在食品消费量大面广、诚信环境欠佳和监管资源稀缺的环境下（张勇，2013），地方政府面临着“相对有限的监管资源和相对无限的被监管主体”间的矛盾，有限政府根本无法做到食品安全监管的全覆盖。

（二）食品安全社会共治已成社会共识

行政监管模式的失灵让学术界和政府开始反思政府和市场二元治理模式的可行性，并由此形成把社会主体也引入食品安全监管的理念。1999年，世界卫生组织首次提出了“责任分担”的理念，强调保证食品安全，需要政府、企业和消费者的合作与参与。除了消费者的参与外，行业协会和村委会等自治组织、新闻媒体、第三方认证机构、市场性检验检测机构等所有与食品安全有关的主体都可以参与到食品安全监管中，并发挥积极作用。

2009年，我国颁布的《食品安全法》以及《中华人民共和国食品安全法实施条例》的相关条文粗浅地体现出公众参与食品安全治理的理念。2013年6月17日，国务院副总理汪洋在以“社会共治、同心携手维护食品安全”的食品安全宣传活动中明确在食品安全中引入了“社会共治”的概念，即要“多管齐下、内外并举，综合施策、标本兼治，构建企业自律、政府监管、社会协同、公众参与、法治保障的食品安全社会共治格局”。2015年修订的《食品安全法》则首次以法律的形式明确要在食品安全工作上实行“社会共治”，并将社会共治原则体现到具体的条款中。

地方政府应该以食品安全社会共治体系建设为契机，改变传统的“大政府、小社会”的管理模式，充分发挥社会主体在社会治理中的作用。但是，在“大政府、小社会”的管理模式的长期影响下，从社会主体角度看，一方面社会普遍认为食品安全监管是政府的职责，与己无关，参与食品安全监管的责任感不强；另一方面即使参与，但由于长期依赖政府，社会主体丧失了参与公共事务管理的积极性和能力。从政府的角度看，由于长期以来大包大揽已经成为习惯，突然将权力和责任赋予社会主体，反而无所适从。近年来，虽然政府也在努力将“大政府、小社会”的管理模式转变为“小政府、大社会”的管理模式，但是，这个转变过程并不顺利。

（三）社会主体的参与和食品企业的自律是社会共治的基础

如何让社会主体参与到社会共治中共同供给食品安全是地方政府面临

的一个重大课题，也是地方政府承担起自身的监管责任的必然要求。但是，当前国内学者对食品安全治理中社会主体的范畴有不同的认识。一部分学者认为社会主体包括食品企业，另一部分学者则把食品企业从社会主体中剥离出来。两种认识无所谓对错。基于研究内容及研究侧重点，本书更倾向于将社会主体和食品企业分离开来。

社会主体的参与和食品企业的自律是社会共治体系的重要组成部分。我国各地方政府的食品安全监管力量普遍比较薄弱，尤其是在不发达地区。依靠薄弱的政府监管力量根本无法确保本地区的食品安全。社会主体的参与可以有效地弥补地方政府监管力量不足。此外，社会主体参与到食品安全法律和政策的制定程序中，还可以提高法律的可行性、科学性和政府的针对性。同时，要依靠食品企业的自律来降低食品安全风险，食品企业不自律是国内外发生食品安全风险和食品安全事件的重要原因。2013 年发生的欧洲马肉冒充牛肉事件席卷英国、法国、德国等多个欧洲国家，严重打击了消费者的信心。2014 年 8 月 13 日，丹麦发生毒香肠致死事件，至少造成 12 人中毒死亡。吴林海等（2015）利用大数据挖掘工具研究表明，2005~2014 年国内主流网站所报道的中国已发生的食品安全事件数量达到 227386 起，其中 75.50%的事件是由人为因素所导致的，而且其中 20.09%的事件属于食品造假事件。只有加强食品企业自律并加强监管才可能减少类似的人为因素导致的食品安全问题。

四　理论分析框架的构建

食品安全监管就是通过监管为社会所有消费者提供符合最低安全标准并能够确保健康和安全的食品的活动。食品安全监管是政府供给食品安全的方式。因此，食品安全监管的本质就是公共物品的供给，即政府应该如何来供给食品安全这个公共物品。这就是本书选择将食品安全的公共物品属性作为理论视角的根本原因。

基于上述考虑，本书提出地方政府负总责模式下食品安全监管问题的研究框架。该框架是作者从食品安全的公共物品属性的理论视角，基于对食品安全和食品安全监管的本质概念的把握，在对当前地方政府负总责面临的主要问题的深刻理解的基础上提出的，由合理划分央地监管事权、防范地方政府弱化食品安全监管以及构建社会共治体系三个部分构成，具体见图 4-1。

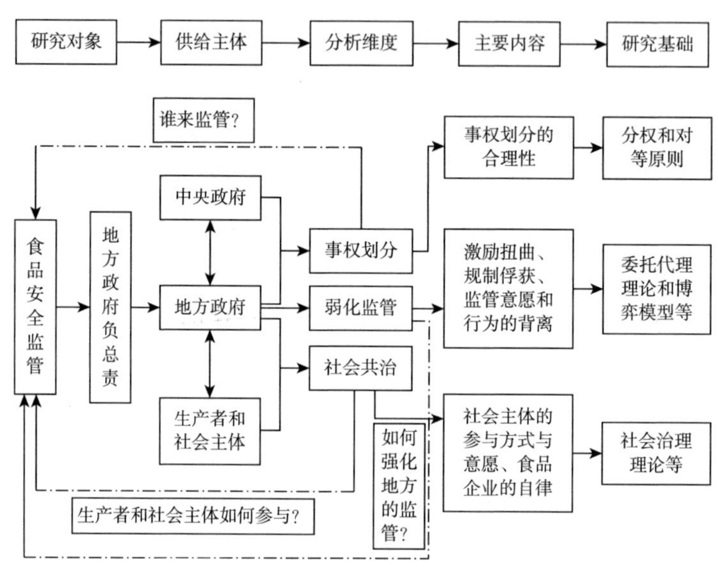

图 4-1 理论分析框架

资料来源：笔者整理绘制。

1. 合理划分央地监管事权

食品安全是公共物品。因此，应该根据公共物品供给的分权原则和对等原则来合理地划分中央政府和地方政府的食品安全监管事权。在地方政府负总责模式下，地方政府承担了全国性食品安全的提供，同时还承担了地方性食品安全的提供。因此，需要厘清地方政府负总责是否合理。此外，确定中央政府和地方政府的监管事权还必须充分考虑到我国的现实情况，例如食品产业的集中度以及地方政府的责任意识等。将这些因素与公共物品供给的对等原则和分权原则结合起来才能科学地确定中央政府和地方政府在食品安全监管上的事权划分。

2. 防范地方政府弱化食品安全监管

中央政府授权地方政府供给食品安全这个公共物品的前提条件是地方政府会尽心竭力。但在现实实践中，地方政府弱化食品安全监管的现象较为普遍。这实际上反映了存在食品安全监管失灵的问题，同时也反映出可能会出现食品安全供给不足的问题。地方政府弱化食品安全监管的原因非常复杂，但主要原因是地方政府食品安全监管中存在激励扭曲、规制俘获、监管意愿和行为背离等问题。基于委托代理理论、博弈模型和双曲线贴现模型等研究工具，深入研究和探讨地方政府弱化食品安全监管的原因和内在机理，可以为中央政府督促地方政府强化食品安全监管奠定基础。

3. 构建社会共治体系

根据公共物品理论，食品安全这个公共物品应该由政府供给。地方政府负总责实际上反映了我国采用的是单纯依靠地方政府来供给食品安全的制度安排。但是，根据社会治理理论，社会治理也是供给公共物品的重要方式，食品企业、公众和第三方机构等主体都可以参与到食品安全供给和食品安全治理中。那么，如何鼓励社会主体参与和食品企业自律以实现食品安全社会共治就成为一个重要问题。本章采用实证研究等研究方法，研究社会主体参与社会共治的方式、意愿和影响因素，以期为地方政府构建社会共治体系提供参考。

五 本章小结

食品安全监管体制的核心是食品安全监管事权的横向配置和纵向配置。横向配置是指食品安全监管中不同的食品安全监管部门之间的事权分配；纵向配置是指食品安全监管中中央政府和地方政府之间的事权分配。地方政府负总责反映的是中央政府和地方政府之间事权划分的制度安排。

在地方政府负总责的制度安排中，需要重点关注三个问题。第一，地方政府负总责反映的中央政府和地方政府的事权划分是否合理？第二，现实中哪些因素会产生激励扭曲，从而导致地方政府弱化食品安全监管？第三，只依靠政府监管的单一监管模式为什么会失灵，地方政府应该如何把社会主体也纳入食品安全监管体系，构建社会共治体系？

第五章 中央和地方事权划分的合理性问题

本章重点研究理论分析框架的第一个问题。本章将食品产业的集中度和地方政府的责任意识纳入分析框架，构建了食品安全监管中中央和地方政府事权划分的分析框架。以此为基础，分析了地方政府负总责和我国食品产业集中度低以及地方政府责任意识薄弱的国情的吻合问题，并分析了地方政府负总责弱化中央政府供给全国性食品安全的责任问题。然后，以美国为例，梳理了美国以联邦政府监管为主的协同式监管模式的形成过程，并分析了协同式监管模式的合理性。最后，简要介绍了德国和日本的中央（联邦）政府和地方政府食品安全监管中的事权划分情况。

一 食品安全监管的事权划分

（一）不考虑产业集中度与责任意识的食品安全监管事权划分

由于食品生产和供应的复杂性，食品安全既不是单纯的地方性公共物品，也不是单纯的全国性公共物品。我国是一个美食大国，小作坊、小餐饮店、小食杂店和小摊贩等（俗称“三小一摊”）广泛分散于城中村、城乡接合部等人口聚集地。这些小摊贩、小作坊和小餐饮店等的食品生产和供应的对象往往以本地区的居民为主。因此，这类“三小一摊”的食品安全可以被视为地方性公共物品。

但随着食品工业和交通运输的发展，食品的生产和销售早已不是仅仅限定在某一个特定区域之内，而往往是跨越不同的区域，覆盖的范围越来越广。例如，大中型食品工业企业和规模化农产品基地等的食品生产和供应范围早已跨越某个特定地区。以大型肉类加工企业双汇集团为例，其总部在河南省漯河市，在全国18个省（市）建有30多个现代化的肉类加工基地和配套产业。双汇集团年产销肉类产品300多万吨，拥有近百万个销售终端。在国内，除新疆、西藏外，双汇集团的产品都可以做到朝发夕至。显然，大中型食品工业企业的食品安全应该被视为全国性公共物品。

张磊、王彩波（2013）认为，环境是公共物品。环境治理权限的设置应该遵循公共物品供给的对等原则。与此同理，食品安全也是公共物品，食品安全的治理权限划分也应该遵循公共物品供给的对等原则。根据公共物品供给的对等原则，在“三小一摊”等地方性食品安全上，地方政府理所当然地应该成为责任主体。但在大中型食品工业企业和规模化农产品基地等全国性食品安全上，中央政府理所当然地应该成为责任主体（见表5-1）。

表5-1　食品安全的供给主体

种类	公共物品	受益范围	提供者
全国性食品安全	大中型食品工业企业等	全国	中央政府
地方性食品安全	小餐饮店、小作坊、小食杂店和小摊贩等	特定地区	地方政府

资料来源：笔者根据资料整理。

（二）考虑产业集中度与责任意识的食品安全监管事权划分

由于食品安全受益范围的特殊性，中央政府和地方政府应该共同进行食品安全监管。那么，在进行食品安全监管事权划分时，中央政府还要充分考虑到以全国性监管为主还是以地方性监管为主，以及中央政府是否要督促地方政府。

1. 以全国性监管为主还是以地方性监管为主

食品安全既有全国性又有地方性，因此中央政府和地方政府都应该进行监管。那么，对一个国家而言，应该以中央政府的全国性监管为主，还是应该以地方政府的地方性监管为主呢？

基于上一部分的分析，如果一个国家的食品生产者以大中型食品工业企业和规模化农产品基地等为主，那么该国家的大部分食品的生产和供应都是跨区域的。因此，这个国家的食品安全以全国性食品安全为主，就应该采用以中央政府的全国性监管为主的体制。反之，如果一个国家的食品生产者以“三小一摊”等分散化的经营者为主，那么该国家的大部分食品的生产和供应都是在特定地区之内的。因此，这个国家的食品安全以地方性食品安全为主，就应该采用以地方政府的地方性监管为主的体制。

为了更好地描述一个国家的食品生产特征，需要引入产业集中度的概念。产业集中度是指在一定区域内，产业内排名前几位的企业的累加产量或销量占总产量或销量的比重。产业集中度反映了产业内的垄断及竞争状况。对一个国家而言，如果某个食品行业的集中度比较高，食品生产采用的是规模化的工业生产，一般而言食品的流通是全国性的。相反，如果某个食品行业的集中度比较低，食品生产采用的是分散化和小规模的生产，一般而言食品的流通是地区性的。因此，从整个国家的纵向体制看，以中央政府的全国性监管为主还是以地方政府的地方性监管为主取决于国家食品产业的整体集中度。这里所说的整体集中度是指集中度较高的食品行业数量占所有食品行业数量的比重。如果食品产业的整体集中度比较高（假定存在某个临界值），则食品安全以全国性为主，应该以中央政府的全国性监管为主。如果食品产业的整体集中度低，则食品安全以地方性为主，则应该以地方政府的地方性监管为主。

2. 中央政府是否要督促地方政府

此外，中央政府和地方政府根据对等原则划分食品安全监管事权还存在一个前提条件，即中央政府和地方政府都是各司其职的。但根据第二代财政联邦主义的理论及现实观察可知，地方政府有利益偏好。在利益的诱导下，地方政府进行食品安全监管的责任意识可能会被削弱。如果地方政府的责任意识越薄弱，主动监管的积极性越低，就越需要中央政府的督促。反之，如果地方政府的责任意识越强，主动监管的积极性越高，中央政府就无须督促地方政府。此外，对一个国家而言，虽然存在以中央政府还是地方政府的食品安全监管为主的问题，但是只要中央政府和地方政府同时进行监管，那么就必然会存在中央政府和地方政府的协调问题。这个协调责任应该由中央政府承担。

根据上述分析可以得到产业集中度、地方政府的责任意识与食品安全监管事权划分的关系图。如图 5-1 所示，横轴为地方政府的责任意识，纵轴为食品产业集中度。当集中度高且责任意识强时，应该以中央政府的全国性监管为主，地方政府协同监管，同时中央政府要承担协调责任以解决可能存在的中央政府和地方政府的监管不足和监管过度并存的问题。

当集中度高但责任意识弱时，应该以中央政府的全国性监管为主，地方政府协同监管。中央政府在承担协调责任的同时，还必须督促地方政府加强监管。

当集中度较低和责任意识较弱时，应该以地方政府的地方性监管为主，中央政府应该以督促为主，同时协同监管并承担协调责任。

当集中度低但责任意识强时，应该以地方政府的地方性监管为主，中央政府要协同监管，同时要承担协调责任。

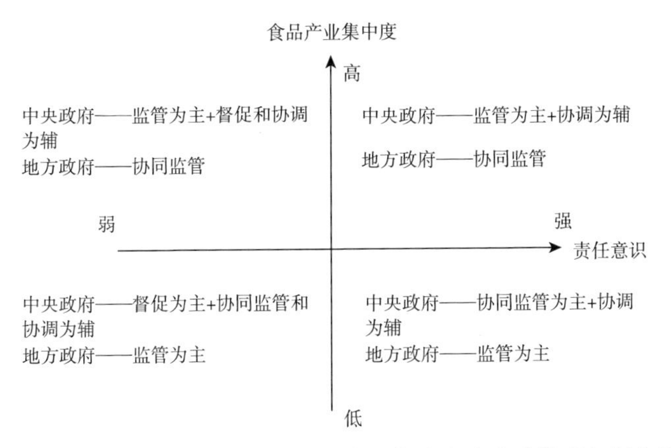

图 5-1 产业集中度、地方政府的责任意识与食品安全监管事权划分的关系

资料来源：笔者根据资料整理。

二 地方政府负总责的事权划分的合理性

在我国，中央政府将食品安全的监管责任赋予地方政府，逐步形成了地方政府统筹负责的分权式监管模式。地方政府负总责是我国食品安全监管纵向体制的核心。本部分将根据图 5-1 分析地方政府负总责的事权划分的合理性。

（一）地方政府负总责与我国食品产业集中度较低的国情吻合

我国食品产业的基本特征是小而散，且产业基础极为薄弱。数据显示，2015 年我国食品工业总产值已突破 11 万亿元，各类有证的食品生产经营主体数量已达 1100 多万家（胡颖廉，2016）。其中，中小食品企业占全国食品企业总数的 90%以上，无证的小作坊、小食杂店、小餐饮店和食品摊贩不计其数。

国家质检总局的数据显示，我国的食品小作坊约为 17 万个，没有获得食品生产许可证的、以农户家庭为单位的小微型食品生产者的数量难以统计，除此之外，市场上还有众多没有获得销售许可证和卫生许可证的小饭店、商店和路边摊等（马琳，2015）。现阶段中国各类食品制造与加工企业中，中小规模的企业数量占比很大。从图 5-2 中可以看出，10 人以下的小企业与作坊的比重高达 78.80%，而规模以上企业的比重仅为 5.80%（李锐等，2017）。

从上述可以看出，我国食品产业的基本特征是：企业规模小，中小企业比例高，产业集中度较低。尽管随着行业整合的加快及行业成熟度的提高，行业资源和利润逐渐向大企业迅速集中，中小规模企业和小微企业可能会逐渐被市场淘汰，但是，当前我国食品产业的基本情况是“多、小、散、乱”，这样的产业特征往往被视为引发食品安全风险的重要原因。这是因为企业规模影响食品企业加强食品安全风险控制的意愿和行为，并直接影响食品安全风险。企业规模越小，企业承担食品安全投资的能力越弱，与此同时违法乱纪的意愿和可能性越高。

正是由于“多、小、散、乱”的产业特征和较低的产业集中度，食品企业生产的食品的供应和流通范围往往比较小，往往在省级、地市级甚至在县级区域范围内。因此，从受益范围和外部性程度看，我国是以地方性食品安全为主，就应该采用以地方政府的地方性监管为主的体制。地方政府负总责与我国食品产业集中度较低的产业特征是吻合的。因此，地方政府负总责是合理的。

刘亚平、杨大力（2015）认为，我国在食品安全监管上实行地方分权的根本原因是，过度依赖市场准入监管效果不理想，于是中央政府赋权地方政府和社会，发挥相关标准和信息披露等监管工具的作用。虽然没有从公共物品供给的对等原则上展开研究，但刘亚平等的研究恰好反映了中国和美国食品产业的特征对纵向体制的影响。中国的食品企业以中小企业为主。面对以“多、小、散、乱”为特征的食品产业，统一规则无法照顾到公众对不同食品不同层次的需求，中央政府直接监管恰恰是效率较低的，而地方政府的分权式监管才是效率较高的。

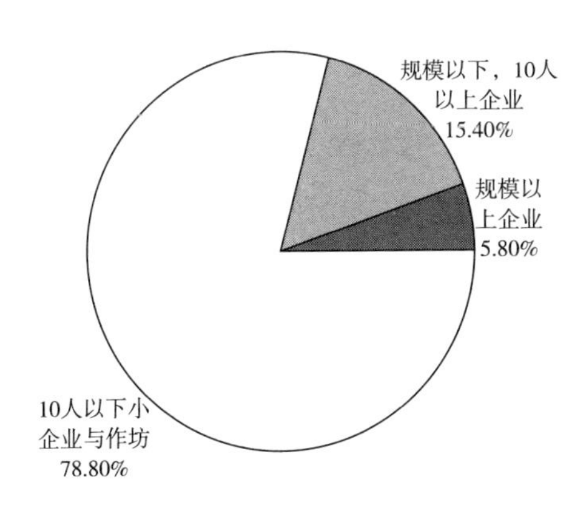

图 5-2　现阶段中国各类食品制造与加工企业比重

资料来源：李锐、吴林海、尹世久、陈秀娟等《中国食品安全发展报告2017》，北京大学出版社，2017。

（二）地方政府负总责与我国地方政府责任意识弱的现实吻合

食品安全风险属于容易激起民众对政府的不满和抗议的社会风险。如果控制不好，食品安全风险就可能转化为社会风险和政治风险（曹正汉、周杰，2013）。中央政府不断地根据食品安全监管中出现的问题对食品安全监管体制进行调整。换言之，地方政府负总责是在特定的环境中产生的，其与 1992 年开始的行政体制的分权改革有非常密切的关系（刘鹏、张苏剑，2015）。

但值得注意的是，地方政府负总责重点强调了地方政府的“责任”。然而，已有的研究都没有从地方政府的责任视角探讨中央政府重点强调责任的原因。本书认为在食品产业的集中度较低的情况下，地方政府的监管更有效率。但是，地方政府监管的前提是地方政府应该有较强的食品安全责任意识。现实却是，在我国，地方政府进行食品安全监管的责任意识比较弱。

一方面，我国是中央政府授权给地方政府的行政关系（杨雪冬，2012）。地方政府的食品安全监管责任来自中央政府。地方政府要根据中央政府的要求落实监管责任。在典型的“压力型体制”下，中央政府根据自己的目标以政治任务的方式将食品监管责任赋予地方政府，并以政治、经济上的奖励和惩罚作为任务完成的保障。但是，由于要同时承担经济发展和食品安全监管任务，地方政府就容易为确保经济增长而弱化食品安全监管。为了实现经济增长，一些地方政府甚至不惜对本地食品企业的违法违规行为进行保护。此外，部分行政执法人员道德水平低下，责任意识薄弱，甚至会公然把手中的权力变成个人敛财的工具（孔令兵，2013）。另一方面，公共机构的复杂化、企业推脱责任、科学发现的不确定性等因素使得风险责任的明确和分摊变得十分困难（赵喜凤，2015）。这就为地方政府推脱责任提供了机会和可能。

因此，在以地方政府监管为主且地方政府的监管责任意识较薄弱的情况下，中央政府的重要职责是督促地方政府增强责任意识。地方政府负总责实际上是中央政府强化地方政府的责任意识的制度安排，有助于将食品安全监管的责任和压力下沉到地方政府，以增强地方政府监管食品安全的积极性。

基于上述两个方面的考虑可以知道，地方政府负总责与国情在一定程度上是吻合的。这个结论可以用国家质检总局和国家食品药品监督管理总局对加工制造环节的食品的抽检结果来验证（见图 5-3）。从 2006 年到 2016 年，主要食品的抽检合格率从 77.90%上升到 96.80%，提升了 18.90 个百分点。在这个期间内的 2009 年，食品药品监管机构由省级以下垂直管理调整为分级管理，监管权力由集中走向分散，我国逐渐建立起地方政府负总责的监管体制。2010 年成为主要食品的抽检合格率变动的一个重要拐点。2010 年之后，除 2012 年和 2014 年外，其他年份的抽检合格率都保持在 96%以上。中央政府和地方政府的关系是食品安全监管体制的核心。如果中央政府和地方政府的关系处理不好必然会损害食品安全监管的效果，进而导致主要食品的抽检合格率的大幅波动。自2009年实施地方政府负总责制以来，我国主要食品的抽检合格率持续保持在高位水平固然是食品安全监管力度加大、公众的食品安全消费素养提升等复杂因素共同作用的结果，但也从侧面说明地方政府负总责的制度安排所设定的中央政府和地方政府的关系与我国的国情是吻合的。

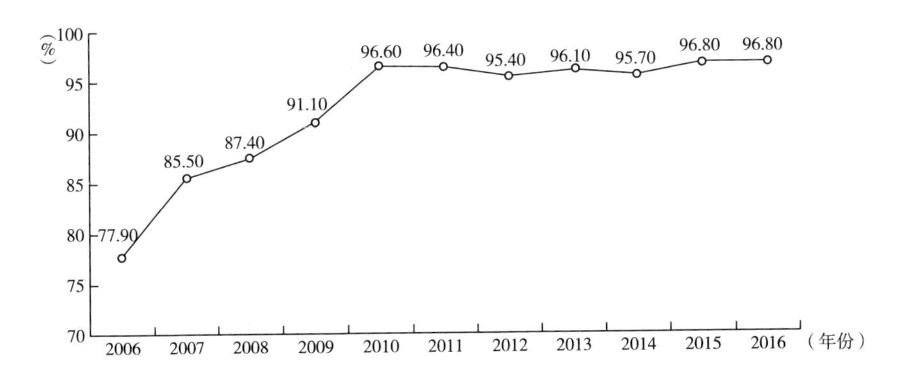

图 5-3 2006~2016 年主要食品的抽样监测合格率情况

资料来源：根据国家质检总局和国家食品药品监督管理总局的监测数据绘制。

（三）地方政府负总责弱化了中央供给全国性食品安全的责任

基于我国食品产业的特殊情况，中央政府强化地方政府的食品安全监管职责和权力具有一定的合理性。但是，作为一个食品生产大国，我国全国性的食品生产和流通是客观存在的。根据食品安全的受益范围和外部性程度，中央政府应该加强对全国性食品安全的供给。与美国清晰地划分联邦政府和地方政府的监管事权不同，我国中央政府和地方政府的具体职权并没有得到明确和清晰的划分与界定。因此在实践中，地方政府不但要承担地方性食品安全的供给，还要承担全国性食品安全的供给。中央政府将几乎所有的食品安全监管事权和职能都下沉到地方政府必然会面临现实的困难（王猛，2015）。这不但不能真正提高公共物品的供给效率，反而使地方政府处于事实上的权力主体地位，降低了中央的公共物品供给在地方层面的执行效果（马万里，2013）。从这个角度看，地方政府负总责违背了公共物品供给的效率原则，在一定程度上牺牲了监管效率（曹正汉等，2013）。

系统性和区域性食品安全风险是我国当前面临的重要食品安全风险（李清光等，2015）。在防范系统性和区域性食品安全风险上，从执法机构的执法效率角度看，以地方政府监管为主的体制存在明显的缺陷（韩志红、隋静，2012）。执法机构层级设置合理与否决定了是否能够及时制裁违法行为等。在地方政府负总责模式下，各级地方政府都设置了相同的执法机构。跨地区的相同违法行为一出现，各地都要立案查处，必然造成各地重复执法，进而造成执法资源浪费。此外，对于跨区域的食品安全事件，各地方政府的执法机关都有管辖权，出现了共同管辖的问题。但是，根据法律规定，对于同一违法行为涉及两个以上行政机关都有管辖权的，由最先立案的机关管辖。出现争议的，由共同上级执法主体指定管辖。但是，在现实中，食品安全事件非常复杂，结果导致办案部门在查处跨区域食品安全事件上困难重重，严重影响了执法效果和效率。

地方政府负总责无法解决跨区域的食品安全问题。在如何防范全国性和区域性食品安全风险上，胡颖廉（2015）的研究发现，在实际的食品安全监管中，一些地方食品安全监管部门已经在区域层面展开了监管协作。例如，泛珠三角食品药品监管合作联席会议、京津冀三地食品药品安全监管合作协议等。但是，这些协议还仅仅停留在区域层面。中央政府应该借鉴环保部门和国土资源部门的做法，根据产业状况、人口分布和行政区域等设立若干大区，并设立派出（驻）机构。胡颖廉提出的设立大区并设立派出（驻）机构的做法和美国食品药品管理局的垂直机构设置基本是一致的。这正是缘于地方政府负总责在防范全国性和区域性食品安全风险上的缺陷。

此外，大部分国内学者都认为，我国应该在地方政府负总责的基础上，清晰地区分中央政府和地方政府的监管责任。如刘鹏、张苏剑（2015）研究发现，我国食品安全监管的纵向体制走向“集权—分权—再集权—再分权”的恶性循环怪圈。要走出这个恶性循环怪圈，不妨借鉴“监管联邦主义”的设置理念，清晰地分配食品安全监管权力，并加强各层级政府的协同合作。蒋绚（2015）认为，我国应该参照美国的协同监管模式，建立省内产销的食品分权制和跨省的食品集权制。

通过上述分析可知，用图 5-1 的分析框架对地方政府负总责进行分析可以得到两个结论：一方面，我国的食品生产以中小企业为主，食品产业的集中度较低；另一方面，我国的地方政府是发展型政府。食品安全并非地方政府的中心议题。地方政府进行食品安全监管的责任意识相对较弱，位处产业集中度较低且责任意识弱的第三个区间。因此，食品安全监管应该以地方政府监管为主。中央政府的主要职责是督促地方政府加强监管。因此，从这个角度看，地方政府负总责是合理的。

三　国际考察：美国协同式监管的事权划分的合理性

美国拥有相对完善的法律法规体系、相对完善的监管制度体系和相对完善的监管体制，共同为食品安全保驾护航。本部分将梳理美国以联邦政府的集权式监管为主的协同式监管的形成过程，并利用图 5-1 分析协同式监管的合理性。

需要说明的是，中国和美国之间政体差别巨大。那么，政体上的差异是否会影响中央和地方的事权划分？以美国为案例进行考察是否欠妥呢？不论采用什么政体，食品安全监管的事权划分均应该以提高监管效率为根本目的。根据公共物品理论的对等原则和分权原则，公共物品的受益范围决定了其应该由中央政府监管，还是应该由地方政府监管。因此，以美国为例并不影响分析结果。而且，基于提高监管效率的目的探讨监管事权划分时，国内学者都是以美国、日本等与中国政体存在差异的国家为例的。

（一）协同式食品安全监管的形成脉络

美国的食品安全监管经历了州政府负责阶段和联邦政府的责任不断强化阶段。时至今日，美国已形成了联邦政府的集权式监管和地方政府的分权式监管共存的协同式监管模式。

1. 州政府负责阶段

在殖民地时期，美国是典型的自给自足的农业社会。因此，食品安全问题并不严重。但是，美国独立后，随着工业化和城市化的兴起，以及运河形式的综合运输网络的发展和后来的铁路大发展，市场的规模空前扩大，食品可以相对便宜地从农村地区运到城市。食品的生产和消费开始分离。与此同时，蜂蜜中添加葡萄糖、用橄榄油代替黄油等一系列食品掺假和造假事件层出不穷。1902 年，美国农业部为参议院提供的一份披露普通食品掺假程度的研究报告指出，从 1880 年到 1990 年，食品掺假是相当普遍的。在此情况下，美国的地方政府相继成立了健康委员会，专门负责监管辖区内的食品安全问题。部分州也颁布了一些地方法律。例如，1784 年，马萨诸塞州颁布了第一个《一般食品法》(General Food Law)；1850 年，加利福尼亚州颁布了《纯粹食品饮品法》(A Pure Food and Drink Law)。但是，各州通过的食品安全法律法规差别很大，而且并非在每一个州都得到了有效的贯彻执行。特别是，许多州的法令没有明确规定应该由哪个州机关执行。

需要说明的是，在 19 世纪后期，州立法机构率先通过法律管制食品和药品的原因主要有两个。一是不同地区的食品生产差异很大。虽然不同地区的食品企业共同推动出台国家层面的法律是有利可图的，但是，集体行动的成本很高。因此，不同地区的食品企业只能寻求所在州的立法机构来监管食品安全。二是在这个时期食品的生产和销售仍主要限定在州辖区内。以乳制品为例，在应用冷藏技术之前乳制品无法长时间储存，因此往往在州辖区内就被消费掉了。

在同一时期，社会上开始出现了要求联邦政府加强食品安全的强烈呼声。然而，美国的各州拥有广泛的自治权。长期以来，州权主义者认为食品安全监管属于州及地方的事务。在州权主义者的反对下，在联邦政府层面，美国一直没有出台相关的全国性法律法规，也没有成立专门的全国性监管机构。

2. 联邦政府的责任不断强化

20 世纪初期，美国各个州基本上都各自进行食品安全监管。但是，随着跨州贸易的发展，州内销售的很多食品都是在其他州生产的。因此，各州的食品安全监管部门很难进行充分的监管。于是，各州的食品药品监管部门要求国会制定食品安全法律。1905 年，美国著名作家厄普顿·辛克莱在杂志上连载的《屠场》一书，描述了食品加工和造假的情况，在社会上引起了巨大反响。在《屠场》一书的影响下，罗斯福在 1905 年 12 月向国会提出建议，要对州际贸易中标签不实和掺假的食品和药品予以管制。于是，1906 年美国颁布了历史上第一个联邦层面的食品安全法律——《联邦食品与药品法案》。该法案授权农业部下的化学署进行食品安全管理，这是联邦政府食品安全监管的起点。但由于此时食品安全问题以造假和掺假为主，因此化学署的主要职责是对产品标签进行管理，主要是通过查封问题食品和起诉责任人的方式禁止非法食品的州际贸易。

1930 年，农业部化学署被改组为食品药品管理局（FDA）。与此同时，揭黑记者、消费者权益保护组织和联邦政府共同要求对 1906 年法案中的有害产品实施更有力的监管。但是，相关的草案历时多年一直未能在国会获得通过。直到 1937 年，马森基尔制药公司生产的万能磺胺造成 107 人死亡，直接催生了 1938 年的《联邦食品、药品和化妆品法案》。相比 1906 年的《联邦食品与药品法案》主要授权化学署进行产品标签管理，1938 年的《联邦食品、药品和化妆品法案》大大扩大了 FDA 的管理权限。一是法案授予 FDA 对生产制造商进行检查的权力并扩大执法权。二是扩大了 FDA 的规模。与此同时，美国又颁布了一系列的法案和修正案。为执行这些法案和修正案，在管理权限扩大的同时，FDA 的规模也在逐步扩大，并开始在各个区域建立驻外机构。三是监管职责得到了扩大。在标签管理的基础上，《联邦食品、药品和化妆品法案》将 FDA 的监管职责扩大到食品投入市场前的批准上，授权 FDA 基于设立的食品标准对工厂生产的食品进行检测。

虽历经多次修改，但《联邦食品、药品和化妆品法案》一直是美国食品安全监管的基本法律，以及 FDA 的监管权限和职责的法律基础。然而，近年来，随着生产技术的进步，以及人口结构、消费行为和商业模式的变化，食品安全风险急剧增加。美国的食品安全工作面临新的挑战，FDA 的监管压力也随之增加。如 2006 年美国发生“毒菠菜事件”，波及 26 个州，200 余人患病。2007 年，美国发生“花生酱污染事件”，波及 41 个州，300 多人患病。为进一步回应消费者对食品安全的需求和呼声，加强对跨州食品的监管，2009 年，美国颁布了《食品安全加强法案》。该法案进一步扩大了 FDA 的食品安全管理权限，增加了 FDA 的执法权力并削弱了司法部门对 FDA 执法的限制。

随后，在 2011 年 11 月 4 日，奥巴马总统又签署了《FDA 食品安全现代化法案》。该法案对实施了 70 多年之久的《联邦食品、药品和化妆品法案》作了重大修改，进一步扩大了 FDA 对国内食品和进口食品的管理权限，以保护消费者免受不安全食品的侵害。该法案的主要特点是：一是为实现从过去的事后监管向事前预防的转变，FDA 首次依法获得对食品供应实施全面的预防控制的授权。二是 FDA 的执法权得到了扩大。《FDA 食品安全现代化法案》扩大了 FDA 在强制召回、行政扣押等方面的权力。强制召回，即允许 FDA 在责任方拒绝或未在规定时间内召回时采取强制性措施。行政扣押，即授予 FDA 不必掌握确凿证据即可闻风先行的特权。三是提高 FDA 对进口食品的监管权限。《FDA 食品安全现代化法案》授权 FDA 在海外设立办公室加强对国外食品工厂的监管。四是确立了 FDA 在食品安全监管中的核心地位。《FDA 食品安全现代化法案》明确规定，FDA 要加强对州和地方政府负责食品安全监管的官员的培训。

总而言之，FDA 成立以后，美国在不断加强 FDA 的食品安全监管事权。为有效履行监管事权，FDA 就必须拥有强大的联邦监管力量。与之对应的是，FDA 的财政拨款和雇员人数也大幅增长。图 5-4 所示为 1940~2015 年美国 FDA 的财政拨款和雇员人数变化情况。从图中可以看出，在财政拨款上，1940~1970 年财政拨款的增长比较平稳。从 1970 年开始财政拨款增速较快。2000 年是一个较为明显的转折点。2000 年后，FDA 的财政拨款急速上升。在雇员人数上，1960~1980 年，雇员数量上升的速度较快。1980~2000 年基本稳定。但是，从 2000 年开始，雇员数量上升的速度再次加快。到目前为止，FDA 已是一个拥有约 2 万名员工的庞大监管机构。2017 年的预算经费超过 50 亿美元。相比 1940 年，财政拨款和预算经费分别增加了 1800 多倍和 27 倍。

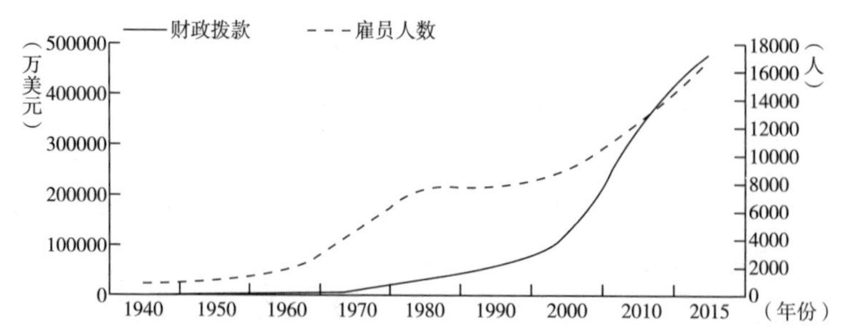

图 5-4　1940~2015 年美国 FDA 财政拨款和雇员人数变化情况

资料来源：http：www. fda. gov。

3. 集权式监管和分权式监管共存的协同式监管

从历史演变上看，在20世纪之前美国食品安全监管主要由地方政府负责。此后，联邦政府的监管责任从无到有，逐渐加大。到目前为止，美国形成了联邦政府的集权式监管和地方政府的分权式监管共存的协同式监管模式。这个协同式监管模式主要由两部分内容组成。

（1）联邦政府层面以FDA为核心的垂直管理体制

在联邦政府层面，美国负责食品安全监管的部门主要是卫生和公共服务部下的食品药品管理局（FDA）和农业部下的食品安全检验局（FSIS）。从1930年农业部化学署被改组为食品药品管理局开始，经过近百年的不断演变和权力的强化，FDA已经成为美国最重要的食品安全监管机构。以FDA为基础，美国确立了联邦政府集中统一监管的监管模式。从监管种类上看，FDA负责除了肉类、禽肉和蛋类产品外所有食品的安全问题；从监管数量上看，FDA负责对全国约80%的食品进行监管。

FDA采用全国统一的垂直管理体制，拥有较强的独立性，在监管过程中不受地方政府和食品企业的干预。FDA的垂直管理分为四个层级。第一层级是监管事务办公室（ORA），位于马里兰州。监管事务办公室包括资源管理办公室、区域工作办公室、强制执行办公室和犯罪调查办公室。第二层级是大区监管办公室。FDA将全国划分为5个大区，分别为东北大区、中部大区、东南大区、西南大区和太平洋地区。每个大区分别设立一个大区监管办公室。第三层级是地区办公室。FDA设立了隶属于5个大区监管办公室的20多个地区办公室。第四层级是常驻检查站。FDA设立了隶属于20多个地区办公室的177个常驻检查站（2014年数据）。

上述四个层级的机构都是FDA的直属机构。FDA拥有超过数千名直接由联邦政府垂直管理的检查员，负责对食品、药品的现场检查和飞行检查。为确保监管的科学性，FDA的局长、副局长由医学博士和科学家担任，工作人员主要由医生、律师、微生物学家、药理学家、化学家和统计学家等专业人士组成。

（2）地方政府层面的属地管理体制

在地方政府层面，州政府根据《联邦食品、药品和化妆品法案》等制定本州的食品安全法，并授权监管机构和执法队伍依法对管辖范围内的食品进行监管。在州政府的法律和联邦政府的法律规定存在差异的情况下，联邦的法律规定不能取代州的法律规定。因此，食品企业不但要遵守联邦的法律规定，同时也需要遵守州的法律规定。这在很大程度上保证了州政府的食品安全自治权。

但是，州政府和联邦政府的监管事权是有区别的。在食品监管事权上，州政府主要负责管辖范围内的食品生产和贸易。例如，如果农民种植农作物和销售农产品的活动都是在州管辖范围内进行的，那么州政府负责进行检查和监督。同样，如果食品生产企业的生产和销售活动都是在州管辖范围内进行的，那么州政府负责监督和检查。一般而言，在州政府监督和监管后，联邦政府不会再进行重复监管。食品生产企业的情况亦如是。

在州以下的监管中，州政府主要负责决策管理和项目指导，州以下的郡（县）政府负责具体监管。例如，加利福尼亚州的洛杉矶郡直接负责对下属 88 个市中 85 个市辖区内的餐饮户的监管，其他的 3 个市设立环境卫生管理部门进行监管。需要说明的是，餐饮和零售食品属于典型的地区性公共物品，因此成为地方政府监管的重点。

（二）协同式食品安全监管的合理性

美国形成了联邦、州和地方的三级监管网络（李先国，2011）。在食品安全监管的纵向体制上，美国采用的是联邦政府集权式监管和地方政府的分权式监管共存的协同式监管模式。本书认为美国的监管体制是与其国情相适应的。这个结论可以从如下三个方面阐述。

1. 以联邦政府的全国性监管为主与食品产业集中度高的国情吻合

美国的法律明确规定，联邦政府的食品安全监管权力仅限于跨州食品。Law（2001）从交易成本的角度，研究了联邦政府和州政府为什么要根据是否跨区域来划分食品安全监管责任。Law 认为，州政府的食品安全监管是作为对食品和药品市场上的高交易成本（特别是信息成本）的回应而出现的。在食品市场上，生产高质量食品的企业保护自身利益的交易成本过高。那么，为降低交易成本，州政府就应该进行食品安全监管。但随着州际贸易的兴起，州食品监管规章的分散化使得遵守和执行州级法规的费用高昂。从事州际贸易的大型公司和州食品监管机构就迫使联邦政府承担起食品安全监管的主要责任。因此，联邦政府进行食品安全监管的目的也是降低交易成本。显然，Law 是从降低食品企业交易成本的角度来认识食品安全监管的行政层级关系的，具有典型性。根据 Law 的观点，对于跨区域的食品安全监管，州和地方政府的交易成本很高，因此联邦政府对跨区域的食品进行监管可以降低交易成本。

唐少云（1989）从财政角度探讨了美国联邦政府和州政府为什么要根据是否跨区域来划分监管事权。从财政支出上看，美国的州政府和地方政府财政支出的重点是区域性较强的项目，即支出项目的受益范围一般只限于各州或地方政府所辖的区域。州政府不能承担全国性食品安全监管责任的一个重要原因是存在“溢出效应”。假如某个州政府忍辱负重地解决州际贸易中的食品安全风险，但是降低风险的收益却并非本州所享有，即存在“溢出效应”，那么，谁愿意采取措施而劳而无功呢？因此，只有联邦政府才能够承担全国性的食品安全监管责任。

根据是否跨区域来划分联邦政府和州政府的公共物品供给的事权的结论还可以从药品的监管上得到证明。除了负责食品的安全监管外，FDA 还负责药品的安全监管。与食品安全监管采用集权式监管和分权式监管共存的协同式监管不同，美国的药品安全监管采用的是联邦政府统一监管的垂直管理体制（余晖，2003）。只有联邦政府集中统一监管，州和地方政府不承担监管职责。原因主要是，由于药品的生产特点，药品的生产和销售往往都是跨州的。因此，所有的药品安全都属于全国性的公共物品。因此，地方政府有相应的食品安全监管事权，但是没有相应的药品安全监管事权，也没有负责药品生产检查的机构和执法人员。所有药品进入医院和药店前的全过程的生产行为以及跨州的运输、销售行为都归联邦政府监管。因此，虽然 FDA 同时负责食品和药品的监管，但由于两者的生产和销售范围上的差别，美国采用两种不同的纵向监管体制。

从历史上看，美国在不断增强联邦政府的监管力量的同时，也不可避免地削弱了地方政府的权力。这也引起了地方政府的抗争和不满，并阻碍强化联邦政府监管力量和权力的进程。尽管部分州权主义者反对，但联邦政府在跨州食品安全上的监管权力仍然逐步加强。Law 和唐少云等的研究没有更进一步地明确为什么联邦政府的监管权力逐步加强，并最终形成了以联邦政府的监管为主的监管体制。实际上，联邦政府监管责任的强化和食品产业的集中度越来越高是密不可分的。

时至今日，美国早已经历了食品行业从分散到集中的过程，完成工业革命。经过多年竞争，中小企业大多已经退出了市场。美国从事食品生产、加工和销售的一般都是大企业，几乎不存在无照企业或者家庭作坊式企业。食品和农产品等的生产主要采用工业化生产模式，行业集中度比较高。以美国蛋鸡产业为例，20 世纪 70 年代美国大约有 1 万个蛋鸡场，但是到 2014 年 177 个蛋鸡企业生产的鸡蛋占总产量的 99%（吕玲、吴荣富，2015）。数据显示，美国食品工业企业仅有 1 万家左右。全国性大型食品品牌的市场占有率为 76.4%，消费者购买的每 4 件食品中有 3 件是全国性品牌（刘博驰，2012）。

因此，美国食品行业的集中度比较高，再加上交通运输工具的进步，美国的食品生产和销售早已突破了地区的限制，全国性的食品安全风险比较大。如图 5-5 所示，自 1993 年以来，美国跨州的食品安全事故数逐步上升。对于跨州的食品安全事故增多的现象，基本办法就是加强联邦政府的监管，加强 FDA 等的监管能力和权力。

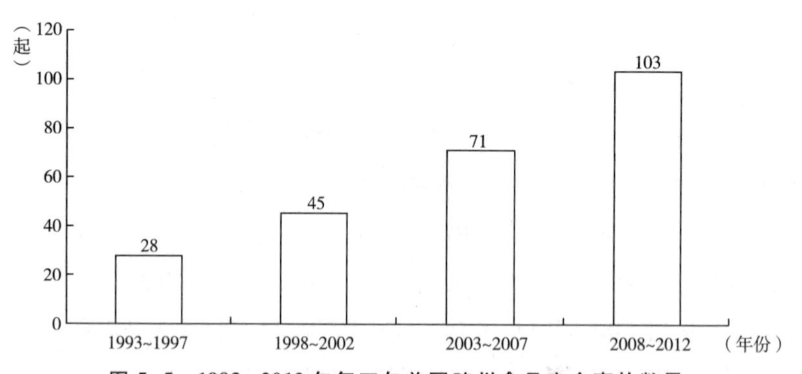

图 5-5　1993~2012 年每五年美国跨州食品安全事故数量

资料来源：CDC National Outbreak Reporting System，2008-2012。

由于产业集中度很高，食品安全以全国性食品安全为主，因此美国应该采用以联邦政府的全国性监管为主的体制。从这个角度看，美国采用以联邦政府为主的监管体制是合理的。从世界范围看，主要发达国家的食品安全监管责任大部分都是由中央或联邦政府来承担的。这可能和大多数发达国家的食品产业的集中度较高、食品生产和供应往往是跨地区的有关，因此食品安全以全国性的为主。

2. 地方政府的责任意识强是地方政府的地区性监管的基础

美国宪法修正案规定：宪法不授予美国的权力、不禁止授予州的权力，由州或人民保留。这也就意味着在州内生产和销售食品的质量安全上，地方政府仍然承担着重要责任。而且，在食品安全风险日增的背景下，联邦政府也不可能制定所有的政策，并提供足够的资源保障食品安全。同时，地方政府更了解本地企业的信息，是对本地企业和食品进行有效监管的最佳主体。如果不加强地方政府的监管，单纯依靠联邦政府层面的监管是不完全和不足够的。因此，美国联邦政府承担主要的食品安全监管责任，地方政府负责溢出效应较小的餐饮以及食品零售店等的监管（王耀忠，2005）。

需要说明的是，美国的州政府和地方政府进行食品安全监管的责任意识较强。这就为在没有联邦政府的督促条件下，地方政府自觉主动地解决地区性食品安全问题提供了条件。根据契约主义理论，联邦制国家的州相对独立，随着各种社会、经济问题的出现，已经不是独立自治的州能够应付的情况越来越多。为了共同的利益，在共同协商的基础上，各州集合为一体形成联邦政府。因此，在联邦制国家，各州联合起来以契约的形式建立联邦政府并赋予其有限的权力，即联邦的权力是联邦成员自下而上授予的（封丽霞，2017）。因此，美国先有州、后有国，且州权思想根深蒂固，甚至州权被认为至高无上。一方面，州权主义者认为，政府的职责就是提供本地区的公共物品。食品安全则是州和地方政府提供的公共物品的重要组成部分。另一方面，与中国的地方政府是发展型政府不同，美国市场经济发达，州政府对经济的干预较少，为追求经济发展而弱化食品安全监管的情况较少。

由于上述两个原因，美国州和地方政府进行食品安全监管的责任意识较强。这也可以从历史上得到验证。一方面，食品安全法律最初是由州政府制定和实施的。如果食品安全监管的责任意识不强，那么州和地方政府就不可能先于联邦政府制定食品安全法律，并实施食品安全监管。另一方面，甚至联邦政府的食品安全法律和监管行为也是在食品贸易的跨州化现象日益增多后，单纯依靠州政府无法解决交易成本高和溢出效应问题的情况下，在州食品安全监管机构和社会的呼吁下才出现的。

在州和地方政府进行食品安全监管的责任意识较强的条件下，美国进行协同式食品安全监管是有效率的。州和地方政府通过分权提高区域食品安全监管的效率，同时又通过集权解决了跨州食品安全监管的难题，提高了跨州食品安全监管的效率。因此，集权和分权协同监管综合了集中和分散的优势（蒋绚，2015）。而且，FDA 等联邦监管机构的派出机构与各州和地方政府的相关部门相互配合形成了一个覆盖全国的食品安全管理网络（王中亮，2007）。

3. 联邦和地方政府的协调执法避免了监管不足和过度并存的问题

在实际执行中，由于联邦主义体系与独立管制机构模式的存在，联邦政府和地方政府在食品监管上难免会出现职责界定不清，或者执法标准不一等一系列问题（Sharkey，2008）。例如，FDA 下的机构和人员是垂直管理的，地方政府并没有 FDA 这个部门。为了实施食品安全监管，地方政府也会建立自己的监管机构和执法队伍。地方政府的监管机构和执法队伍与 FDA 是相互独立的。于是，就出现了监管过度与监管不足并存的现象。例如，有时会出现联邦政府和州政府的重复检查，造成监管过度、资源浪费；有时也会产生企业无人检查的监管真空，为食品安全埋下了隐患。

虽然存在监管过度和监管不足共存的问题，但不能因此否定美国的协同式食品安全监管模式。美国已经认识到了这个问题，并通过加强管理和信息沟通与协调等加以缓解。例如，联邦政府主要通过 FDA 大区办公室与州政府的相关监管部门进行紧密的沟通交流和协调，加强执法。如当遇到突发事件时，为保证联邦政府的执法效果，FDA 有权要求短期借用州政府的雇员。州政府的雇员必须根据 FDA 的要求执法并向 FDA 报告。此外，FDA 还通过经费拨款和合作协议将联邦政府的部分监管业务外包给州政府下的监管机构。

四 其他国家中央和地方事权划分

美国和中国都是人口多、国土面积大的国家，因此食品安全监管中中央（联邦）和地方事权划分更具有可比性。但是，为了进一步说明根据我国国情建立具有中国特色的食品安全监管体制的重要性，本部分进一步分析日本和德国是如何来划分中央（联邦）和地方事权的。

（一）日本：来源特征的责任划分

日本是一个地少人多的岛国。食品供应的基本国情是农业和食品生产不能自给自足，进口食品的比重非常高。数据显示，日本本土生产的食品只占全国消费总量的40%，60%的食品都来自进口。由于特殊的食品来源结构，中央政府和地方政府的监管职责是根据食品的来源进行划分的。中央监管机构主要负责进口食品的安全监管，地方监管机构主要负责本地生产和销售的食品的安全监管。

第二次世界大战之后，作为战败国，日本国内的食品供给严重不足。于是，大量国外食品涌入国内。进口的食品中不乏质量低劣甚至假冒伪劣的食品，严重侵害国民的身体健康。为保障进口的食品的质量安全，1947年日本颁布了《食品卫生法》。《食品卫生法》是日本建立进口食品监控体系和相关检验检疫制度的基本依据。随着形势的发展，日本也不断对《食品卫生法》进行修改和完善。尤其是2003年和2013年，日本分别对该法进行了两次较大的修改。修改的重点无一例外都是强化中央政府对进口食品的监管。

中央政府负责食品安全监管的机构主要是厚生劳动省。根据《食品卫生法》的规定，厚生劳动省负责制定食品或食品添加剂、器具或容器包装的相关标准。在制定标准的基础上，厚生劳动省对进口的食品、食品添加剂、器具或容器包装进行检查。在对进口食品的监管上，厚生劳动省在横滨和神户等地设立了专门的进口食品检验中心，并在成田机场、东京等检验所设立专门对进口农产品的农药残留和卫生指标进行监督检查的检查课。日本对进口食品实施严格的检验检疫制度，监督抽查比例为10%左右，费用由国家承担。如果进口食品被抽查发现违规一次，则针对该产品的抽查比例就提高到30%；违规达到两次，就全部检查，费用由企业承担。

需要说明的是，除了厚生劳动省外，农林水产省也承担着食品安全管理职责。但是，农林水产省是执行《农药取缔法》和《JAS 法》等法律的主体。农林水产省主要负责通过地方农政局推广 JAS 制度和可追溯制度，并指导和督促地方政府进行落实，以提高生鲜农产品和粗加工产品的质量安全水平。因此，农林水产省侧重在生产和加工环节提高农产品和粗加工食品的质量安全水平，而厚生劳动省侧重防止存在安全风险的食品流入市场。为了打破厚生劳动省和农林水产省各自为政的局面，2003 年日本制定了《食品安全基本法》，设立了食品安全委员会，并引入了风险分析的新理念。食品安全委员会是由内阁领导的独立组织，主要负责食品安全风险评估和风险信息的沟通与公开，并对厚生劳动省和农林水产省的监管工作进行政策指导和监督。

地方政府负责制订地方层面的食品监控指导计划。都、道、府、县等地方政府设立健所。保健所拥有经营许可审批、现场监管指导，以及对问题食品进行抽样检查、实施召回和命令检查等权力。地方政府还任命一定数量的食品卫生监督员。食品卫生监督员的职责是根据政令的规定，从生产或加工环节对生产或加工的食品、食品添加剂、器具或容器包装进行检查。为了执行检查任务，都、道、府、县和设有保健所的市以及特区都设立了必要的检查设施。

（二）德国：具有体制特征的责任划分

德国被公认为是世界上食品安全监管最好的国家之一，同时也是世界上最重视食品安全风险的国家之一。早在 1879 年，德国就颁布了《食品法》，强化食品安全的监管工作。德国是联邦制国家，突出的特点是联邦、州与地方政府有明确的权力划分。并且，州政府和地方政府都有高度的自治权。因此，德国的食品安全法律体系的显著特点是法律法规的制定和颁布与法律法规的执行和监督在权限和职能上是分开的。联邦政府主要负责法律法规的制定等宏观层面的工作；州和地方政府则负责直接和具体的执行和实施。

由于德国的联邦制特征，在食品安全监管上，德国实行的是典型的地方分级管理的体制。德国联邦政府负责食品安全监管的最高主管部门是联邦食品、农业和消费者保护部。联邦食品、农业和消费者保护部的主要职责是与欧盟委员会、欧洲议会和欧盟理事会等对接制定食品安全法律法规和相关政策，并领导全国的食品安全监管工作。在立法和政策制定上，联邦食品、农业和消费者保护部主要是根据本国的特点，将欧盟制定的《一般食品法》[Regulation（EU）No. 178/2002 of the European Parliament and of the Council]等法律细化成食品法典等一系列法律法规，要求各州按照法律法规进行食品安全监管执法，并授权各州在联邦法律法规允许的范围内，制定符合州情的有关规章。此外，联邦食品、农业和消费者保护部还承担某些特定的食品安全风险管理工作，例如农药和兽药等的批准登记等。但是，这些特定的食品安全风险管理工作主要是由下属的风险评估研究所和食品安全局两个部门承担。

在地方政府层面，州政府以下的食品安全监管和执法实行三级管理，即州的食品和消费者保护局主要负责制定政策和监督，区级机构主要提供服务并进行专业监督，县市级机构主要负责具体的事务，如检查和抽样等实施工作（童建军，2013）。在现实中，地方政府往往否决上级政府作出的事关本地区事务的重大决策。地方政府拥有的这个否决权使得上级政府往往不直接干预地方政府的地区治理。同样，在食品安全监管上，县市级机构具有相对独立和自有的治理权。

县市级机构的食品安全监管工作主要由监控所实施。监控所由具有国家公务员身份的食品监管员组成。监控所的主要任务是对当地的食品进行抽样，然后送到检验机构检验。当检验结果不符合规定时，食品监管员会与经销商和食品生产企业进行协调，防止不合格食品上市销售，并开出罚单。地方监管机构对食品监管员的要求很高，他们需要满足具有大学文化水平、接受过两年培训、有四年以上工作经验和熟悉法律法规等诸多条件。这些食品监管员拥有独立执法的权力，有权制止违法行为，有权当场决定惩罚，甚至有权直接进入违法人员的私宅进行取证。

五　本章小结

本章构建了考虑产业集中度和责任意识的食品安全事权划分分析框架，并以该框架为基础，分析了地方政府负总责的合理性。然后横向考察了美国以联邦政府监管为主的协同式监管的历史演变，并研究了美国协同式监管的合理性。基于上述研究，可以得到如下结论。

（1）我国采用的是地方政府负总责模式。一方面，我国的食品产业的集中度较低。食品安全以地方性食品安全为主，因此采用以地方政府的地方性监管为主的体制是合理的。另一方面，我国的地方政府是发展型政府。食品安全并非地方政府的中心议题。地方政府进行食品安全监管的责任意识较弱。因此，中央政府将监管责任下沉到地方政府也是合理的。但是，在地方政府负总责模式下，中央政府的监管职能被严重弱化。地方政府除了要承担地方性食品安全的供给外，还要承担全国性食品安全的供给。显然，从这个角度看，地方政府负总责有不合理之处。

（2）美国采用的是以联邦政府监管为主的协同式监管体制。一方面，美国的食品产业的集中度比较高。食品安全以全国性食品安全为主，因此采用以联邦政府监管为主的体制是合理的。另一方面，美国州和地方政府进行食品安全监管的责任意识比较强。这就为地方政府的协同监管提供了条件。同时，联邦政府还要承担协调职责，解决地方政府和联邦政府间的监管不足和监管过度并存问题。因此，美国以联邦政府监管为主的协同式监管与国情是吻合的，也是合理的。此外，本章还简单分析了日本和德国的中央（联邦）和地方政府的食品安全监管事权划分问题。

第六章
地方政府弱化食品安全监管的问题

本章重点研究理论分析框架的第二个问题。食品安全监管分权能够促进食品安全供给（非经济性公共物品供给）要依赖于地方政府不会有弱化食品安全监管的意愿和行为。因此，如果地方政府有自身的利益偏好，那么在地方政府负总责的制度安排下，地方政府就可能会弱化食品安全监管，结果必然导致食品安全的供给不充分。

本章首先采用多任务委托代理模型，探讨了地方政府负总责模式下的激励扭曲问题；然后，将行为经济学的前景理论和博弈模型结合起来，探讨了地方政府被食品企业俘获的问题；最后，采用双曲线贴现模型研究了地方政府的监管意愿和行为的背离问题。本章尝试通过上述研究回答地方政府为什么会弱化食品安全监管以及中央政府应该如何促使地方政府加强食品安全监管的问题。

一 地方政府食品安全监管的激励扭曲

从经济学角度看，在食品安全监管中，中央政府和地方政府是委托代理关系，两者的目标有时并不一致。中央政府是整个社会利益的代表，追求社会的整体利益最大化。地方政府有自身的利益追求，这可能会部分扭曲食品安全监管制度，进而导致地方政府弱化食品安全监管，出现食品安全监管上的“政府失灵”。

（一）中央和地方的委托代理关系

委托代理问题的产生缘于生产力发展带来的分工细化导致的授权者和受

权者的分化。根据信息经济学的观点，具有信息优势的一方是代理人，处于信息劣势的一方是委托人。由于信息拥有量上的差异，代理人可能会利用委托人的授权谋取私人利益而损害委托人的利益，由此产生的一系列问题被称为委托代理问题。委托人通过严密的合同关系以及监管行为限制代理人的损害行为而付出的代价，被称为代理成本。在委托代理关系下，中央政府面对的问题是在信息不对称的条件下，如何根据能够观测到的信息，设计合理的激励合同，一方面确保地方政府的期望收益大于保留收益，满足参与约束，另一方面最大化自己的期望效用，实现激励相容约束。

在食品安全监管中，中央政府和地方政府之间是委托代理关系。首先，地方政府的目标函数和中央政府的目标函数并不总是一致的，即两者之间可能存在利益冲突。中央政府把权力授予地方政府的最初动机是委托地方政府按照中央政府的要求，实现中央政府的利益最大化。但作为理性的经济人，地方政府通过自己的努力来实现自身的利益最大化，而这可能并不完全符合中央政府的利益最大化要求。

其次，中央政府和地方政府之间存在信息不对称。地方政府的努力水平是私人信息。在现实中，中央政府发现地方政府的私人信息的方法和途径非常有限。这就导致中央政府无法获得有关地方政府努力水平的完全信息。因此，中央政府和地方政府之间存在信息不对称。

最后，中央政府和地方政府间的契约具有不完全性。中央政府无法完全预见地方政府在食品安全监管中可能会出现的各种情况，因此无法设计完备和周详的宏观性指导文件，即中央政府委托地方政府对食品生产者进行监管的契约具有不完全性。契约的不完全性也为地方政府实施机会主义行为实现自身的利益最大化提供了机会和空间。

（二）委托代理模型的构建与求解

简单的单任务委托代理模型考虑了代理人仅从事单项工作的情况。在现实生活中的许多情况下，代理人被委托的工作不止一项，即使只有一项，也有多个维度，而且不同任务之间是存在关联的。因此，同一代理人在不同工作之间分配精力是有冲突的，而且委托人对不同工作的监督能力是不同的，有些工作是容易监督的，有些工作则是不容易监督的。因此，当代理人从事多项工作时，从简单的单任务委托代理模型得出的结论可能是不适用的。多任务委托代理模型则是研究多任务条件下的激励合约以及工作安排的模型。

在中央政府和地方政府的委托代理关系中，地方政府同时承担着经济发展的经济性任务和食品安全监管等社会性任务。因此，本部分基于多任务委托代理模型，分析和探讨由激励扭曲所导致的地方政府弱化食品安全监管的问题。

1. 模型假设

（1）地方政府在两个任务上的努力程度向量为 $e=(e_1, e_2)$。e_1 和 e_2 分别为地方政府在经济发展和食品安全监管上的努力程度，其中，$e_i>0$，$i=1, 2$。

（2）地方政府的努力水平是不可直接观察的。但中央政府可通过可观察信息 x_i 来间接测度努力水平。x_i 可以定义为努力的产出。经济发展产出可以用 GDP 和财政收入等来衡量；食品安全监管产出可以通过食品安全事故以及事故造成的死亡人数或疾病人数等来衡量。努力产出与努力水平的关系式为 $x_i=e_i+\varepsilon_i$。其中，ε_i 为服从正态分布的随机变量，且 ε_1 和 ε_2 相互独立。

（3）中央政府支付给地方政府的激励契约为 $s(x)=\beta_0+\beta_1x_1+\beta_2x_2$。其中，$\beta_0$ 为委托人支付给代理人的与完成任务无关的既有支付；β_1 和 β_2 是经济发展和食品安全监管任务的激励强度。

（4）地方政府的努力水平的产出函数为 $B(e_1, e_2)$。$B(e_1, e_2)$ 为凹函数且一阶和二阶可导。地方政府的努力水平的成本函数为 $C(e_1, e_2)$。成本函数一阶和二阶可导。

（5）中央政府对风险的态度是中性的。地方政府倾向于规避风险，具有统一的不变绝对风险规避效用函数，即 $\mu=-e^{-\rho w}$。其中，ρ 为绝对风险规避度量，w 为货币收入。

2. 模型构建

（1）中央政府的收益

中央政府的收益为：

$$E(\pi)=B(e_1,e_2)-(\beta_0+\beta_1x_1+\beta_2x_2) \tag{1}$$

将 $x_i=e_i+\varepsilon_i$ 代入（1）式可得中央政府的确定性收益：

$$E(\pi)=B(e_1,e_2)-(\beta_0+\beta_1 e_1+\beta_2 e_2) \tag{2}$$

（2）地方政府的收益

地方政府的收益为：

$$w=(\beta_0+\beta_1 x_1+\beta_2 x_2)-C(e_1,e_2) \tag{3}$$

将 $x_i=e_i+\varepsilon_i$ 代入（3）式，并减去收入的风险成本可得地方政府的确定性收益：

$$CE=(\beta_0+\beta_1 e_1+\beta_2 e_2)-\frac{1}{2}\rho\beta^T\Sigma\beta-C(e_1,e_2) \tag{4}$$

其中，$\frac{1}{2}\rho\beta^T\Sigma\beta=\frac{1}{2}\rho\beta_1\beta_2\delta_{12}+\frac{1}{2}\rho\beta_1^2\delta_1^2+\frac{1}{2}\rho\beta_2^2\delta_2^2+\frac{1}{2}\rho\beta_2\beta_1\delta_{21}$，为风险成本；$\delta_{12}$、$\delta_{21}$、$\delta_1^2$、$\delta_2^2$ 为可观察变量的协方差和方差。

（3）激励合约的优化设计

中央政府的问题是在满足参与约束和激励相容约束的条件下，选择 β_1 和 β_2 使中央政府和地方政府的确定性收益之和达到最大化。因此，激励的优化设计模型可以表述为：

$$\max B(e_1,e_2)-\frac{1}{2}\rho\beta^T\Sigma\beta-C(e_1,e_2) \tag{5}$$

$$\text{s. t. }(\beta_0+\beta_1 e_1+\beta_2 e_2)-\frac{1}{2}\rho\beta^T\Sigma\beta-C(e_1,e_2)\geqslant\overline{w} \tag{6}$$

$$(e_1,e_2)\in\operatorname{argmax}\{(\beta_0+\beta_1 e_1+\beta_2 e_2)-\frac{1}{2}\rho\beta^T\Sigma\beta-C(e_1,e_2),e_i>0(i=1,2)\} \tag{7}$$

其中，（5）式表示中央政府和地方政府的确定性收益之和达到最大化；（6）式为参与约束条件（IR）；（7）式为激励相容条件（IC）。

3. 模型求解

对参与约束条件（IR）而言，由于中央政府是理性的，中央政府给予地方政府的支付只能满足地方政府的保留收益。所以，参与约束条件

(IR) 只能取等号，即（6）式可以简化为：

$$(\beta_0+\beta_1 e_1+\beta_2 e_2)-\frac{1}{2}\rho\beta^T\Sigma\beta-C(e_1,e_2)=\overline{w} \tag{8}$$

当信息对称时,激励相容条件(IC)不存在。(5)式分别对 e_1,e_2,β_1,β_2 求导,联立方程求解可得:$\beta_1=0,\beta_2=0$。在信息对称情况下,中央政府可以观测到地方政府的努力水平 e_1 和 e_2。如果努力水平不够,地方政府就不能获得保留收益 $\overline{w}$。因此,在信息对称情况下,激励机制能够使地方政府的努力水平保持在最优状态。

当信息不对称时,对激励相容条件(IC)一阶求导,可得:

$$\beta_1=\frac{\partial C(e_1,e_2)}{\partial e_1},\beta_2=\frac{\partial C(e_1,e_2)}{\partial e_2} \tag{9}$$

对（9）式求导，可得：$C_{ij}=\frac{\partial\beta_i}{\partial e_j}=\frac{\partial^2 C(e_1,e_2)}{\partial e_i\partial e_j}$。当 $i\neq j$ 时，$C_{ij}=0$，$C_{ij}<0$ 和 $C_{ij}>0$ 表示任务的努力成本分别为独立、互补和替代。

中央政府的确定性收入对 β_i 求导，可得：$\frac{\partial B}{\partial e_i}\frac{\partial e_i}{\partial\beta_i}-\rho\Sigma\beta_i-\frac{\partial C}{\partial e_i}\frac{\partial e_i}{\partial\beta_i}=0$。该式变化后，可得：

$$\beta=(I+\beta[C_{ij}]\Sigma)^{-1}B' \tag{10}$$

其中，I 为单位矩阵；$B'=|B_1\quad B_2|^T$，$B_i=\partial B(e_1,e_2)\partial e_i$，为任务的边际产出。$[C_{ij}]=\begin{vmatrix}\partial\beta_1/\partial e_1 & \partial\beta_1/\partial e_2\\ \partial\beta_2/\partial e_1 & \partial\beta_2/\partial e_2\end{vmatrix}$。地方政府在食品安全监管上的努力程度难以测度，而在经济发展上的努力程度易于测度。因此，不妨假设 $\delta_1^2=0$,代入 $\beta=(I+\rho[C_{ij}]\Sigma)^{-1}B'$，可得：

$$\begin{vmatrix}\beta_1\\ \beta_2\end{vmatrix}=\left[\begin{vmatrix}1 & 0\\ 0 & 1\end{vmatrix}+\rho\begin{vmatrix}C_{11} & C_{12}\\ C_{21} & C_{22}\end{vmatrix}\begin{vmatrix}0 & 0\\ 0 & \delta_2^2\end{vmatrix}\right]^{-1}\begin{vmatrix}B_1\\ B_2\end{vmatrix}=\begin{vmatrix}B_1-\frac{\rho C_{12}\delta_2^2}{1+\rho C_{22}\delta_2^2}B_2\\ \frac{B_2}{1+\rho C_{22}\delta_2^2}\end{vmatrix} \tag{11}$$

由此可得：

$$\frac{\beta_2}{\beta_1}=\frac{B_2}{B_1+\rho(B_1C_{22}-B_2C_{12})\delta_2^2} \tag{12}$$

（三）模型结果与分析

1. 经济发展任务的门槛激励条件

根据（11）式可知，经济发展任务的门槛激励条件是：$B_1-\frac{\rho C_{12}\delta_2^2}{1+\rho C_{22}\delta_2^2}B_2>0$ 或者 $B_1>B_2C_{12}/C_{22}$。

在没有达到门槛激励条件前，地方政府在经济发展任务上的激励是负向的。因此，地方政府就不会把资源和精力投入经济发展任务上。当经济发展任务的边际收益满足门槛激励条件时，地方政府在经济发展任务上的激励是正向的。而且门槛激励条件的差值越大，经济发展任务的激励强度越高，地方政府越愿意在经济发展上多加努力，从而会形成经济发展对食品安全监管的挤出效应。

根据现实经验可知，在现行的财政分权、政绩考核激励以及地方政府对上负责和对下管理的模式下，地方政府在经济发展上的投入带来的收益要远高于在食品安全监管上的投入带来的收益。因此，经济发展任务肯定是满足门槛激励条件的，所以接下来在经济发展任务满足门槛激励条件下展开相关讨论和分析。

2. 官员的年龄和任期下的激励扭曲

由$\partial\beta_2/\partial\rho<0$ 和$\partial(\beta_2/\beta_1)/\partial\rho<0$ 可知，地方政府的风险规避度越高，食品安全监管任务的激励强度和相对激励强度越低。

根据管理学中的高管团队理论可知，高管成员的认知能力、价值观和洞察力等因素直接影响企业的战略决策。高管团队和高管成员的风险规避度代表整个企业的风险规避度，决定整个企业在激进和保守经营战略间的选择。在研发投入、科技保险购买等重大决策领域的研究已经证实，高管团队和高管成员的风险规避度是企业决策的显著影响因素（王素莲、阮复宽，2015；吕文栋，2014）。

在经济发展和食品安全监管的努力程度的分配决策上，地方政府官员的风险偏好的影响同样显著且重要。食品安全监管的投入是有风险的。如果地方政府官员有较高的风险规避度，则中央政府应该降低对地方政府的激励强度。因此，中央政府应该系统地评估地方政府官员的风险规避度特征，并根据风险规避度的不同，制订差异化的激励方案。

一般而言，前程看好、关注职业荣誉等隐性激励甚于物质奖励等显性激励的年轻官员往往具有较高的风险偏好和较低的风险规避度。年龄较大、任期将至和任期较短的官员具有较高的风险规避度。2015 年，中央组织部表彰的 100 名全国优秀县委书记人选中，年龄在 49～54 岁的比例高达三分之二。此外，根据党章规定，县委书记是党的县级地方组织（委员会）的负责人，任期为五年。但中央组织部的一组调查数据显示，目前我国的县委书记平均任期不到 3 年就会被调任。因此，综合年龄和任期来看，地方政府官员可能具有较高的风险规避度，并进而导致食品安全监管任务的激励强度较低，从而影响食品安全监管工作绩效。

3. 食品安全考核体系下的激励扭曲

由$\partial\beta_2/\partial\delta_2^2<0$和$\partial(\beta_2/\beta_1)/\partial\delta_2^2<0$可知，食品安全监管任务的可观察信息的方差越大，则食品安全监管任务的激励强度和相对激励强度越小。

δ_2^2是食品安全监管任务的可观察信息的方差。方差越大，表明地方政府的努力程度与任务的业绩的相关性较小。因此，中央政府对地方政府的努力程度的识别受随机因素的影响较大。在这种情况下，提高业绩激励，并不一定会激励地方政府提高努力程度。只有当可观察信息的方差较小时，提高业绩激励才能够有效地激励地方政府提高在食品安全监管任务上的努力程度。因此，只有在可观察信息的方差较小时，中央政府才可以提高激励强度。反之，则应该降低激励强度。极端的情况是，如果$\delta_2^2\to\infty$，则$\beta_2=0$，那么中央政府应该放弃对该任务的所有激励。

可观察信息方差反映的是地方政府的努力程度和考核体系的关系。经济发展任务的考核指标主要是地区生产总值和地区生产总值增长率。地区生产总值及其增长率与地方政府在基础设施建设、招商引资等上的努力程度密切相关。因此，经济发展任务的可观察信息方差比较小，中央政府的激励效果比较好。然而，由于食品的安全水平难以直接衡量，且食品的安全水平容易受污染等外来因素的干扰，如果用食品安全事故以及事故造成的死亡人数或疾病人数作为考核指标，则食品安全监管任务的可观察信息方差比较大，并由此会导致地方政府弱化食品安全监管。

现行的食品安全绩效考核主要从食品安全工作的领导机制、协调机制、官员履职情况、计划制订与落实、案件查处等方面构建指标体系。上述指标都是可以由上级政府直接观测和度量的，可观察信息方差很小，因此激励是有效的。虽然这些指标可以在一定程度上反映地方政府在食品安全上的努力程度，但是食品安全风险受到复杂因素的影响，落实上述工作并非一定能有效地提高地方政府的监管能力和整个社会的食品安全水平。相反，上述考核体系可能会使地方政府把更多的精力和资源投入与考核相关的文件工作中，却忽视了具体的监管执法。这可能会导致激励偏差。

公众的需求是政府提供食品安全的出发点和落脚点。因此，以公众的满意度作为评估食品安全工作绩效的依据更加合理。现行的绩效考核体系没有充分考虑公众的满意度，因此现行的食品安全工作在提高公众的满意度上的作用有限。现实中，公众对政策和法律法规，以及监管与执法力度的评价都有待提高（李锐等，2017）。如表 6-1 所示，公众对政策和法律法规比较满意和非常满意的比重只有 25%左右，而不满意和非常不满意的比重则超过 34%。公众对监管和执法力度比较满意和非常满意的比重只有 29%左右，而不满意和非常不满意的比重则超过 32%。因此，中央政府应该将公众的满意度作为考核地方政府的食品安全工作绩效的重要指标，以增强公众在食品安全上的获得感、幸福感和安全感。

表 6-1 政府保障食品安全的监管与执法力度评价

单位：%

指标	样本	非常不满意	不满意	一般	比较满意	非常满意
对政策和法律法规的满意度	总体样本	10.46	23.98	40.55	20.93	4.08
	农村样本	7.56	20.09	40.68	26.47	5.20
	城市样本	13.41	27.92	40.41	15.30	2.96

续表

指标	样本	非常不满意	不满意	一般	比较满意	非常满意
对监管和执法力度的满意度	总体样本	11.91	20.24	38.87	22.81	6.17
	农村样本	11.03	16.17	35.17	29.16	8.47
	城市样本	12.81	24.36	42.62	16.37	3.84

资料来源：李锐、吴林海、尹世久、陈秀娟等《中国食品安全发展报告 2017》，北京大学出版社，2017。

4. 经济发展强激励下的激励扭曲

（1）努力成本替代时

由（11）和（12）式可知，当 $C_{12}>0$ 时，C_{12} 越大，经济发展任务的激励强度 β_1 越小，同时食品安全监管任务对经济发展任务的相对激励强度 β_2/β_1 越大。其蕴含的经济含义是：任务的替代性越强，中央政府应该降低对经济发展任务的激励以提高食品安全监管任务对经济发展任务的相对激励强度。这是因为，由于任务的替代性，强化对经济发展任务的激励必然会增加食品安全监管任务的机会成本，从而使地方政府降低在食品安全监管任务上的努力程度。因此，中央政府需要提高食品安全监管任务对经济发展任务的相对激励强度。

极端的情况是，如果两个任务替代性足够大以至于经济发展任务刚好满足门槛激励条件时，那么 $\beta_1=0$ 且 $\beta_2/\beta_1\to\infty$。此时，中央政府对经济发展任务的激励强度就应该减小到零，而食品安全监管任务对经济发展任务的相对激励强度趋于无穷大。在这种情况下，由于任务的替代性非常强，一旦出现有效的经济发展激励，地方政府必然会把精力和资源投入经济发展任务上，同时大幅降低在食品安全监管任务上的努力程度。

在当前以经济增长为主要评估标准和财税分权的制度环境中，只有实现较高的经济增长，地方政府的官员才更易实现“政治晋升”。中央政府对地方政府提供了强有力的经济发展激励。这也正是改革开放以来，我国的经济发展取得举世瞩目的成绩的重要原因。由于经济发展和食品安全监管任务的努力成本是替代关系，地方政府提高在经济发展任务上的努力程度必然会提高在食品安全监管任务上的努力程度。在这种替代关系下，中央政府对经济发展任务的强激励可能会导致地方政府降低在食品安全监管任务上的努力程度。这也正是部分地方政府为追求经济增长而牺牲食品安全的现实原因。

上述结论可以很好地解释当前地方政府的财政支出的扭曲问题。地方政府的财政支出可分为三类：一是保持地方政府的“有效运转”的财政支出；二是促进政府“经济增长”产出的财政支出；三是促进政府“民生服务”产出的财政支出。在这三类财政支出中，第一类支出是刚性和必不可少的，往往没有缩减的空间。第二类和第三类支出则具有弹性。地方政府往往根据“经济增长”产出和“民生服务”产出的相对重要性对第二类和第三类财政支出进行调整。

在财税分权管理体制下，由于不具有独立的税收立法权，地方政府无法根据支出情况合理地调整税收收入，实现收入和支出的平衡，从而全方位地管理地方事务。在税收收入确定的条件下，地方政府只能合理地调整财政支出的结构。经济性领域如交通、通信、能源等基础设施的投资更容易进一步促进经济增长，而社会性领域如食品安全等民生项目的投资则对促进经济增长的效应很弱。因此，为发展地方经济，地方政府就可能增加在经济性领域的财政支出，并减少在食品安全等民生项目上的财政支出。因此，地方政府在经济性领域的财政支出会对社会性领域的财政支出产生挤出效应。

因此，以经济增长为核心的政绩考核体系在一定程度上会扭曲地方政府的财政支出结构。如果存在完善的“用脚投票”的倒逼制度，当地方政府降低在食品安全上的财政支出并导致食品安全风险增加时，民众就可以“用脚投票”迫使地方政府扭转不合理的财政支出结构。但在现实中，由于户籍限制和民众表达意见途径不够畅通，民众“用脚投票”的制度并不完善，这就为地方政府扭曲财政支出结构提供了机会和空间。

此外，任务的替代程度与地方政府的财税收入有密切关系。一般而言，当财税收入比较丰裕时，地方政府会提高在经济发展上的投入，食品安全监管的机会成本增加的幅度比较小。因此，经济发展任务对食品安全监管任务的挤出效应比较小。这可以解释为什么经济欠发达地区的地方政府可能更倾向于为促进经济发展而牺牲食品安全，而经济较发达地区的地方政府更倾向于平衡在经济发展和食品安全监管上的投入。

（2）努力成本互补时

由（11）和（12）式可知，当 $C_{12}<0$，即地方政府在两个任务上的努力成本互补时，$|C_{12}|$越大，则经济发展任务的激励强度 β_1 越大，同时食品安全监管任务对经济发展任务的相对激励强度 β_2/β_1 越小。其蕴含的经济含义是：任务的互补性越强，中央政府就越应该加大对经济发展任务的激励强度，以降低食品安全监管任务对经济发展任务的相对激励强度 β_2/β_1。这是因为，由于任务的互补性，强化对经济发展任务的激励必然会降低地方政府在食品安全监管上努力的机会成本，因此地方政府会提高在食品安全监管上的努力程度，此时中央政府需要降低食品安全监管任务对经济发展任务的相对激励强度。

因此，当努力成本互补时，中央政府应该增加对地方政府的经济发展任务的激励强度。但是现实表明，经济发展任务和食品安全监管任务的努力成本是替代关系，这造成了现实中的激励扭曲。因此，将替代关系转化为互补关系就成为解决激励扭曲问题的一个重要思路。经济发展与食品安全监管的关系至少与食品产业在国民经济中的地位有关。当食品产业产值占国民经济总产值的比重比较大且官员的任期比较长时，经济发展和食品安全监管任务的关系就有可能从替代变成互补。这是因为，在食品产业产值占国民经济总产值的比重比较大且官员的任期比较长的情况下，地方政府在经济发展和食品安全监管上都努力的效用大于只在一个任务上努力的效用。中央政府在经济发展上给予地方政府的强激励使地方政府在经济发展上更努力时，也必须在食品安全监管上更努力。否则，食品安全出现问题必然会损害经济增长。这也可以解释为什么食品工业强县往往都非常重视食品安全。例如，河南省汤阴县共有食品工业企业 159 家，食品工业年产值接近 200 亿元，占全县工业总产值的 57.4%。汤阴县非常重视食品安全，建成了全国首家食品安全体验馆，是省级食品安全县。从这个角度看，将食品工业集中到特定地区可能更有利于强化食品安全。

二　地方政府食品安全监管的规制俘获

前已述及，规制经济学也称管制经济学，是对政府规制活动所进行的系统研究，是产业经济学的一个重要分支。规制经济学认为，规制俘获是

“政府失灵”的重要原因。在食品安全监管中，地方政府可能会被食品企业俘获，从而造成食品安全监管缺位。这个问题受到国内众多学者的关注（龚强等，2013；王彩霞，2012；全世文、曾寅初，2016）。如何防范地方政府被食品企业俘获就成为食品安全监管中不可回避的现实问题。但是，在该领域的已有研究大都建立在期望效用理论的基础上，忽视了博弈主体的心理因素，造成研究结论与现实不太吻合。本部分从规制经济学的规制俘获视角切入，将行为经济学的前景理论纳入博弈模型，明确中央政府、地方政府和食品生产者的心理因素对地方政府的食品安全监管行为的影响。

（一）食品安全监管中的规制俘获

纵观近年来我国发生的食品安全事件，可以发现存在两个特征。一是大型企业和知名企业等频频成为食品安全事件的主角。根据声誉机制和资产专用性理论，相比中小型企业，大型或知名企业的声誉价值和资产专用性程度更高。一旦发生食品安全风险导致声誉受损，产品的市场竞争力下降，食品企业用于特定用途后被锁定的专用性资产就变得毫无价值。因此，以中小食品企业为主的产业特征往往被看作诱发食品安全事件的重要原因。声誉价值和资产专用性程度高的大型或知名企业应该更重视食品安全问题。但是，大型或知名企业发生食品安全事件的新闻屡见报端。这有悖于声誉机制和资产专用性等经济学常识（王彩霞，2012）。

二是行业内多个企业同时发生食品安全问题。近年来，我国媒体曝光的食品安全事件几乎是多个企业同时发生，即食品安全问题并不仅仅是单个企业的问题，而是很多企业的问题。如 2008 年的三聚氰胺婴幼儿奶粉事件中，除了三鹿集团外，包括伊利、蒙牛、光明、圣元及雅士利等在内的国有奶粉企业都牵涉其中。2011 年的速冻食品“病菌门”事件涉及思念、三全和湾仔码头等速冻食品企业。2012 年的浙江毒胶囊事件中，浙江新昌县 9 家药用胶囊生产企业都牵涉其中。

仔细分析大中型企业发生的食品安全事件和群体性食品安全事件，以及对事件的调查可以发现，在食品安全事件发生之前，地方政府并非对食品生产者的不自律行为完全不知。而且事实和某些案例也表明，在某些情况下，地方政府可能收集到了食品生产者的违法信息却并没有加强监管，这就反向印证在食品安全监管中存在规制俘获的现象。地方政府被食品企业俘获抑制了食品生产者加强食品安全监管以提高食品安全水平的动力。为防止地方政府被食品企业俘获，中央政府已推出了包括惩罚、补贴、考核、巡查、行政问责以及公众监督等在内的“一揽子”的防范工具。尽管如此，规制俘获现象仍时有发生。对中央政府而言，如何有效地防范和杜绝地方政府被食品企业俘获仍然是值得研究的重要课题。

（二）前景理论下的规制俘获博弈模型

地方政府是否会被食品企业俘获取决于被俘获的收益和成本的比较。当被俘获的收益大于成本时，地方政府就可能会被食品企业俘获。食品企业是否会俘获地方政府也取决于俘获的收益和成本的比较，当俘获收益大于成本时，食品企业就会试图俘获地方政府。因此，在防范地方政府被食品企业俘获上，中央政府应该从地方政府和食品企业两个角度出发，制定相关政策改变双方的成本和收益，从而改变地方政府和食品企业的决策。

1. 前景理论

期望效用理论认为，以期望利润最大化为目的的决策者是完全理性的，不受行为偏好的影响。期望效用理论是处理风险状态下的不确定决策的基本分析范式。效用函数是：

$$V = \sum_{i=1}^{n} p_i x_i$$

其中，p_i 和 x_i 分别为第 i 个事件的发生概率和决策者的效用。期望效用理论的“完全理性人”假设与现实中行为主体的决策往往受到心理因素的影响而相背离，因此，期望效用理论对人的风险决策的描述性效度一直受到怀疑。

前景理论是由卡尼曼和特沃斯基提出的（Kahneman & Tversky，1979）。该理论是二人通过修正期望效用理论发展而来的心理学及行为科学的重要研究成果，为行为人在风险不确定情况下的判断和决策行为研究提供了新的途径。

前景理论认为决策者根据自身感受进行决策。决策者的决策要经历确立参考点和评估价值两个阶段。在确立参考点阶段，当高于参考点时，决策结果被视为“收益”；低于参考点时，决策结果被视为“损失”。在评估价值阶段，决策者根据价值函数和权数函数感受到决策的前景价值。前景价值函数是：

$$V = \sum_{i=1}^{n} \pi(p_i) v(\Delta x_i)$$

其中，$v(\Delta x_i)$为价值函数；$\pi(p_i)$为决策权重，且$\pi(0)=0$，$\pi(1)=1$；p_i为第i个事件的概率；Δx_i为第i个事件给行为主体带来的实际所得与参考点的差值。价值函数和决策权重的表达式分别为：

$$v(\Delta x_i)=\begin{cases}(\Delta x_i)^{\alpha} & \Delta x_i \geqslant 0\\ -\lambda(-\Delta x_i)^{\alpha} & \Delta x_i<0\end{cases};\pi(p_i)=\frac{p_i^{\delta}}{[p_i^{\delta}+(1-p_i^{\delta})]^{\frac{1}{\delta}}}$$

前景理论的价值函数是经验型的，具有三个特征：一是行为主体面对“收益”倾向于规避风险，非常谨慎；二是行为主体面对“损失”时对风险有所偏好，容易冒险；三是行为主体对“损失”比“收益”更敏感，面对“损失”的痛苦感要大大超过面对“收益”的快乐感。根据上述特征，价值函数可以用图 6-1 表示。

2. 模型构建

（1）参与人

本部分将前景理论引入博弈模型研究食品安全监管中的规制俘获问题。参与人包括中央政府、地方政府和食品生产者。其中，中央政府是整个社会公共利益的代表者；地方政府是履行中央政府赋予的监督职能的代理机构；食品生产者是从事食品生产并对食品安全负有应尽的社会责任的市场主体。

假定地方政府拥有自身的利益追求，且地方政府的收益都可以用经济收益来量化；食品生产者追求利润最大化，且不考虑除食品安全外的环保、安全生产等社会责任；中央政府、地方政府和食品生产者之间存在信息不对称，且三者都是有限理性的。上述三个参与主体都不知道其他主体的策略选择，也不确定自身的收益，因此，三者的博弈可看作经济主体的一种风险决策行为。

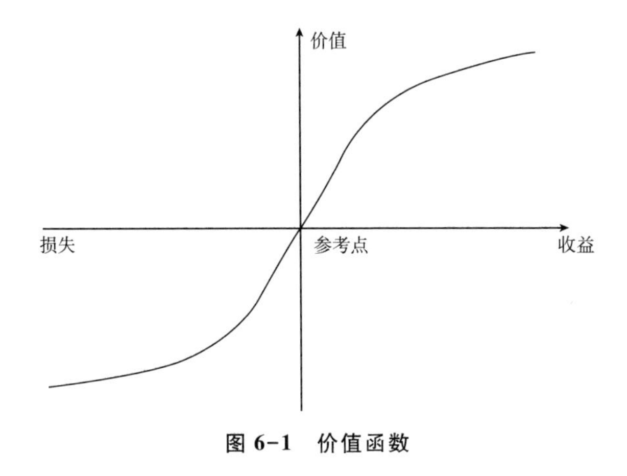

图 6-1　价值函数

（2）基本假定

①策略选择。中央政府的策略组合是｛监管，不监管｝。地方政府和食品生产者的策略组合是｛俘获，不俘获｝。

②博弈收益。中央政府、地方政府和食品生产者的正常收益为 S_0、S_1 和 S_2。食品生产者俘获地方政府所获得的非法收益为 R，地方政府被食品生产者俘获所获得的非法收益为 B。

中央政府的监管成本为 C。中央政府发现地方政府被食品生产者俘获后，对地方政府和食品生产者的惩罚分别为 k_1 和 k_2，地方政府和食品生产者遭受的惩罚分别为 k_1B 和 k_2R，中央政府获得收益为 k_1B+k_2R，地方政府和食品生产者的声誉损失分别为 F_1 和 F_2。

中央政府没有发现地方政府被食品生产者俘获时，其给予地方政府和食品生产者的额外激励分别为 J_1 和 J_2。中央政府因查处失败而承担的社会福利损失为 D。

③信息集合。中央政府监管和不监管的概率分别为 β 和 $1-\beta$，地方政府被食品生产者俘获的概率为 σ。地方政府被食品生产者俘获的概率为 q。地方政府和食品生产者主观认为中央政府监管的概率为 $w(\beta)$，主观认为俘获被发现的概率为 $w(\sigma)$。

（3）感知矩阵

将不确定元素的参考点设置为 0，前景值记为 $v(x)$。影响中央政府、地方政府和食品生产者的决策的不确定因素如下。①中央政府方面包括地方政府被食品生产者俘获而被查处的惩罚收益 k_1B 和 k_2R 以及地方政府被食品生产者俘获却未被查处的损失 D。②地方政府方面包括地方政府被食品生产者俘获被查处时的惩罚损失 k_1B 和声誉损失 F_1 以及未被查处时中央政府的额外奖励 J_1。③食品生产者方面包括食品生产者俘获地方政府被查处时的惩罚 k_2R 和名誉损失 F_2 以及未被查处时中央政府的额外奖励 J_2。影响中央政府、地方政府和食品生产者的决策的确定因素包括中央政府、地方政府和食品生产者的正常收益 S_0、S_1 和 S_2，地方政府和食品生产者的非法收益 B 和 R，以及中央政府的监管成本 C。不确定收入和损失考虑前景价值，确定的收入和损失考虑期望值。中央政府、地方政府和食品生产者的三方博弈感知矩阵如表 6-2 所示。

表 6-2　中央政府、地方政府和食品生产者的三方博弈感知矩阵

		监管（β）		不监管（$1-\beta$）
		查处成功（σ）	查处失败（$1-\sigma$）	
俘获（q）	中央政府	$S_0-S_1-C+v(k_1B+k_2R)$	$S_0-S_1-C+v(-D)$	$S_0-S_1+v(-D)$
	地方政府	$S_1+B+v(-k_1B)+v(-F_1)$	$S_1+B+v(J_1)$	$S_1+B+v(J_1)$
	食品生产者	$S_2+R-B+v(-k_2R)+v(-F_2)$	$S_2+R-B+v(J_2)$	$S_2+R-B+v(J_2)$
不俘获（$1-q$）	中央政府	S_0-S_1-C		S_0-S_1
	地方政府	$S_1+v(J_1)$		$S_1+v(J_1)$
	食品生产者	$S_2+v(J_2)$		$S_2+v(J_2)$

3. 模型分析

（1）中央政府监管的效用函数是：

$$U_1=w(\sigma)q[S_0-S_1-C+v(k_1B+k_2R)]+[1-w(\sigma)]q[S_0-S_1-C+v(-D)]+(1-q)(S_0-S_1-C)$$

中央政府不监管的效用函数是：

$$U_0=q[S_0-S_1+v(-D)]+(1-q)(S_0-S_1)$$

当中央政府监管与不监管的效用相同时，即 $U_1=U_0$ 时，可得：

$$q^{*}=\frac{C}{w(\sigma)[v(k_1B+k_2R)-v(-D)]} \tag{13}$$

当中央政府的监管对地方政府和食品生产者的预期收益没有影响，同时地方政府被食品生产者俘获对中央政府的预期收益没有影响时，博弈存在唯一的纳什均衡解。只有当中央政府认为地方政府被食品生产者俘获的概率 $w(q)$ 大于 q^{*} 时，中央政府才会监管。

（2）地方政府被俘获的效用函数是：

$$L_1=w(\sigma)\beta[S_1+B+v(-k_1B)+v(-F_1)]+[1-w(\sigma)]\beta[S_1+B+v(J_1)]+(1-\beta)[S_1+B+v(J_1)]$$

地方政府未被俘获的效用函数是：

$$L_0=\beta[S_1+v(J_1)]+(1-\beta)[S_1+v(J_1)]$$

当地方政府被俘获与未被俘获的效用相同时，即 $L_1=L_0$ 时，可得中央政府监管的概率为：

$$\beta_1^{*}=\frac{B}{w(\sigma)[v(J_1)-v(-k_1B)-v(-F_1)]}$$

当地方政府认为中央政府的监管概率 $w(\beta)$ 大于 β_1^{*} 时，地方政府选择不被食品生产者俘获。

（3）食品生产者俘获地方政府的效用函数是：

$$M_1=w(\sigma)\beta[S_1+R-B+v(-k_2R)+v(-F_2)]+[1-w(\sigma)]\beta[S_2+R-B+v(J_2)]+(1-\beta)[S_2+R-B+v(J_2)]$$

食品生产者不俘获地方政府的效用函数是：

$$M_0=\beta[S_2+v(J_2)]+(1-\beta)[S_2+v(J_2)]$$

当食品生产者俘获与不俘获地方政府的效用相同时，即 $M_1=M_0$ 时，可得中央政府监管的概率为：

$$\beta_2^{*}=\frac{R-B}{w(\sigma)[v(J_2)-v(-k_2B)-v(-F_2)]}$$

当食品生产者认为中央政府的监管概率 $w(\beta)$ 大于 β_2^* 时，食品生产者选择不俘获地方政府。

只要地方政府和食品生产者对中央政府的监管概率的感知 $w(\beta)$ 大于 β_1^* 和 β_2^* 中的任何一个，地方政府就不会被食品生产者俘获。因此，中央政府防范地方政府被食品生产者俘获的条件是：

$$\beta^* = \min\begin{cases} \dfrac{1}{w(\sigma)} \times \dfrac{1}{\dfrac{[v(J_1) - v(-k_1 B) - v(-F_1)]}{B}} \\ \dfrac{1}{w(\sigma)} \times \dfrac{1}{\dfrac{[v(J_2) - v(-k_2 R) - v(-F_2)]}{R-B}} \end{cases} \tag{14}$$

将基于累积前景理论的价值函数代入（13）和（14）式可得。

$$\beta^* = \min\begin{cases} \dfrac{1}{w(\sigma)} \times \dfrac{1}{\dfrac{J_1^{\alpha_1} + \lambda_1 (k_1 B)^{\alpha_2} + \lambda_2 F_1^{\alpha_3}}{B}} \\ \dfrac{1}{w(\sigma)} \times \dfrac{1}{\dfrac{J_2^{\alpha_4} + \lambda_3 (k_2 R)^{\alpha_5} + \lambda_4 F_2^{\alpha_6}}{R-B}} \end{cases} \tag{15}$$

$$q^* = \frac{1}{w(\sigma)} \times \frac{1}{\dfrac{[(k_1 B + k_2 R)^{\alpha_7} + \lambda_5 D^{\alpha_8}]}{C}} \tag{16}$$

当地方政府或食品生产者主观上认为中央政府的监管概率 $w(\beta)$ 大于 β^* 时，地方政府就不会被食品生产者俘获，所以 β^* 越小，越有利于降低地方政府被食品生产者俘获的概率。同时，当中央政府认为地方政府被食品生产者俘获的概率 $w(q)$ 大于 q^* 时，才会选择监管，所以 q^* 越小，中央政府防范地方政府被食品生产者俘获的积极性越高。

（三）模型的结果与讨论

1. 对食品生产者的监管

当 $k_2 \gg k_1$，即中央政府对食品生产者的处罚力度远大于对地方政府的处罚力度时，由（15）式可得：

$$\beta^{*}=\frac{1}{w(\sigma)}\times\frac{1}{\frac{J_2^{\alpha_4}+\lambda_3(k_2R)^{\alpha_5}+\lambda_4F_2^{\alpha_6}}{R-B}}$$

此时，防范地方政府被食品生产者俘获的关键在于改变食品生产者的决策。

（1）食品生产者对中央政府的激励的主观感知 $J_2^{\alpha_4}$ 与对惩罚的主观感知 λ_3（k_2R）$^{\alpha_5}$越大，食品生产者越倾向于不俘获地方政府。显然，激励和惩罚机制的缺失是食品生产者主动俘获地方政府的重要原因（Wu，2012）。在防范食品生产者主动俘获地方政府上，如何在激励和惩罚间进行权衡是一个核心问题。一方面，当惩罚的成本较低且威慑力很大时，无须激励，只需要挥舞惩罚的“大棒”即可。但是，强制且有威慑力的惩罚却容易激起食品生产者的逆反心理，并导致食品生产者的不满情绪。如Dickens（1986）研究发现，由于行为人的认知失调，加大惩罚力度不但达不到惩治犯罪的目的，反而会提高犯罪率。此外，惩罚力度还要考虑到受罚主体的赔付能力以及法律执行能力。

另一方面，当惩罚的成本非常高时，中央政府需要支付给食品生产者非常高的激励。此时，惩罚虽可以增加食品生产者俘获的机会成本，降低俘获的概率，但防范俘获的成本过高，效率较低。因此，中央政府应该在降低惩罚成本、提高惩罚威慑力的基础上，完善相应的激励制度，以便惩罚和激励双管齐下，共同防范规制俘获。

（2）食品生产者对声誉损失的主观感知 $\lambda_4F_2^{\alpha_6}$ 越大，越倾向于不俘获地方政府。健全的声誉机制是防范食品生产者俘获行为的重要工具（Bowen et al.，2012）。声誉机制越健全，食品生产者对声誉损失的主观感知越强，食品生产者越倾向于不俘获地方政府。健全的声誉机制要满足信息透明、重复交易等条件。但现实中，一方面，随着供应链的延长和复杂化，从农场到餐桌的各个环节都隐匿着众多私人信息（Beulens et al.，2005）。在信息公开制度不健全时，消费者无法实施“用脚投票”的声誉惩罚。另一方面，大量的食品交易是非重复的。在非重复性的市场交易中，食品生产者倾向于选择不合作的机会主义行为。因此，声誉机制不健全可能是现实中规制俘获产生的重要原因。

（3）食品生产者俘获地方政府而获得的净收益 $R-B$ 越低，食品生产者越倾向于不俘获。食品生产者的俘获行为的目的是降低生产成本，用低质量食品冒充高质量食品，或者用不合格食品充当合格食品，以提高收益。一般而言，生产和经营管理水平高的食品生产者可以通过技术革新、加强管理等手段达到降低成本的目的。而生产和经营管理水平低的食品生产者面对市场竞争的压力，在自我革新受阻时，往往倾向于采用非法的规制俘获手段来降低成本，提高收益。因此，提高食品生产者的生产和经营管理水平有助于防范食品生产者的俘获行为。

对激励的主观感知 $J_2^{\alpha_4}$、对惩罚的主观感知 $\lambda_3(k_2R)^{\alpha_5}$ 以及对规制俘获的声誉损失的主观感知 $\lambda_4F_2^{\alpha_6}$ 都可以视为俘获成本。如果食品生产者可以将俘获成本转嫁给消费者，那么单纯提高俘获成本不但不能有效地抑制食品生产者的俘获行为，反而会导致严重的社会福利损失。只有在控制俘获行为的净收益 $R-B$ 的同时提高俘获成本才能很好地抑制俘获动机，取得良好的监管效果。

2. 对地方政府的监管

当 $k_1 \gg k_2$，即中央政府对地方政府的处罚力度远大于对食品生产者的处罚力度时，可得：

$$\beta^* = \frac{1}{w(\sigma)} \times \frac{1}{\dfrac{J_1^{\alpha_1} + \lambda_1(k_1B)^{\alpha_2} + \lambda_2F_1^{\alpha_3}}{B}}$$

此时，防范地方政府被食品生产者俘获的关键在于改变地方政府的决策。

（1）地方政府对激励的主观感知 $J_1^{\alpha_1}$ 和对惩罚的主观感知 $\lambda_1(k_1B)^{\alpha_2}$ 越大，地方政府越倾向于不被俘获。在现实中，地方政府官员与公务员岗位和编制牢牢绑定在一起，一旦离开公务员队伍，自认为很可能会失去理想的就业机会。因此，公务员系统中的地方官员往往以职位晋升为主要目标。周黎安（2007）认为地方政府官员面临着锁定效应（Lock-in），即一旦离开政治舞台，放弃从政，自认为很难找到其他出路，因此地方政府官员有很强的意愿和动力去追求职位晋升。在职位晋升上，经济增长是主要的考核标准。地方政府被食品生产者俘获而弱化监管往往有助于促进经济增长。这就反过来造成地方政府以及官员对不被俘获的激励的主观感知 $J_1^{\alpha_1}$ 较小。这容易导致地方政府被食品生产者所俘获，因此中央政府要提高地方政府对激励的主观感知 $J_1^{\alpha_1}$ 与对惩罚的主观感知 $\lambda_1(k_1B)^{\alpha_2}$。

（2）地方政府对声誉损失的主观感知 $\lambda_2F_1^{\alpha_3}$ 越小，越倾向于不被俘获。声誉损失主要指公众对地方政府和官员的负面评价。现实中，一方面，负责监督生产安全的官员乃至地方政府领导班子的任期往往比较短。官员往往在声誉损失惩罚尚未实现时就升职或者转任脱离现有岗位。另一方面，一些官员往往会对媒体施加影响，防止被曝光造成声誉损失。因此，现实中官员对声誉损失的主观感知较弱。这容易导致地方政府被食品生产者俘获，因此中央政府要增强地方政府对声誉损失的主观感知。

3. 中央政府的监管

中央政府监管的条件是，其认为俘获的概率为：

$$w(q)>q^*=\frac{1}{w(\sigma)}\times\frac{1}{\frac{[(k_1B+k_2R)^{\alpha_7}+\lambda_5D^{\alpha_8}]}{C}}$$

显然，中央政府的监管行为受如下几个因素的影响。

（1）中央政府对社会福利损失的主观感知 $\lambda_5D^{\alpha_8}$ 越大，越倾向于选择严格监管。如果俘获行为未被查处带来的经济损失和政治压力比较小，那么中央政府对俘获行为的忍耐程度就越高，监管的积极性就越低。反之，对俘获行为的忍耐程度越低，监管的积极性就越高。这可以解释为什么在经济越不发达的地区，政府对俘获行为的忍耐程度越高。一般而言，经济越不发达的地区，经济发展的任务越迫切，食品安全风险的政治压力越小，中央政府对社会福利损失的主观感知就越弱，越倾向于弱化监管。虽然经济发达的地区也关注经济发展，但公众对食品安全风险的关注也多，因此政治压力也就越大，中央政府对声誉损失的主观感知就越强，越倾向于严格监管，防范地方政府被食品生产者俘获。

（2）中央政府的监管成本 C 以及对惩罚的主观感知 $(k_1B+k_2R)^{\alpha_8}$ 越小，越倾向于选择严格监管。$[(k_1B+k_2R)^{\alpha_7}+\lambda_5D^{\alpha_8}]/C$ 是中央政府防范俘

获行为的收益率。当中央政府认为监管的收益率越低时，从社会福利最大化的角度来看，弱化食品安全监管是合理的选择。否则，当中央政府认为监管的收益率越高时，严格监管就是合理的选择。

4. 博弈主体的心理因素

（1）食品生产者和地方政府对中央政府发现俘获行为的概率的主观感知 $w(\sigma)$ 越大，越倾向于不俘获，同时中央政府越倾向于放松对地方政府的监管。舆论宣传可以改变食品生产者和地方政府对中央政府的查处概率的主观感知。如果媒体将俘获行为公开，让食品生产者和地方政府形成俘获行为被发现的概率很大的印象，就能对双方产生很大的心理威慑。在食品安全监管中，中央政府主要是通过公众举报和媒体曝光等第四方渠道获知规制俘获信息的。第四方的监督能力越强，中央政府对地方政府和食品生产者的依赖性就越弱。Moore 等（2012）、张曼等（2015）、Zhang 和 Xue（2016）研究表明，媒体曝光可以有效地减少俘获行为，并激励食品安全监管者和食品企业更加努力。但在现实中，食品生产者和地方政府往往可以利用经济利益和行政权力影响公众举报和媒体曝光，从而导致公众举报和媒体曝光的交易成本过高。过高的交易成本又导致举报和曝光难度增加，降低了食品生产者对中央政府发现俘获行为的概率的感知，从而造成规制俘获现象增多。中央政府发现俘获行为的概率不但会影响食品生产者和地方政府的决策，而且会影响中央政府的决策。当发现俘获行为的概率较高时，中央政府必然会放松对地方政府的监管；否则，中央政府会加强监管。

（2）食品生产者和地方政府对损失的厌恶程度 λ_i 和对风险 α_i 的态度也影响双方的决策。一方面，在经济繁荣时期，决策主体对损失的厌恶程度 λ_i 较高，β^* 越小，规制俘获的概率越小。在经济衰退时期，决策主体对损失的厌恶程度 λ_i 较低，β^* 越大，规制俘获的概率就越大。这可以解释为什么在经济繁荣时期规制俘获现象较少，而在经济衰退时期规制俘获现象会增多。另一方面，风险厌恶者、风险偏好者和风险中性者对待风险的态度存在差异。因此，中央政府应该制定个性化的监管政策，同时应该加强宣传引导、增强责任意识等，改变地方政府和食品生产者的风险态度，促使其积极贯彻中央政府的政策意图。

（四）研究结论与政策含义

在规制俘获上，地方政府和食品生产者同时面临着未来的不确定性和信息不完全的问题。传统的规制俘获防范策略建立在期望效用理论基础上，政策的重点是强化惩罚，降低俘获行为的净收益。但理论和实践证明，单纯的惩罚并不能有效地防范规制俘获。由于考虑了心理因素的影响，引入前景理论的决策模型，更符合地方政府和食品生产者的决策模式。研究表明，地方政府和食品生产者的规制俘获行为是不确定性环境下心理因素发挥作用的结果，是特定行为环境下的主观决策。双方的行为是非常复杂的，受风险态度、损失厌恶系数和心理参考点等多方面因素的影响。因此，提出如下防范规制俘获的建议。

1. 转变规制俘获的防范思路

在进行防范规制俘获的制度设计时，应该转变思路，加强对双方心理的研究，紧紧围绕改变双方的主观感知来实现防范规制俘获的目的。例如，根据行为经济学理论，决策者往往会高估低概率事件发生的概率，即赋予小概率事件一个大权重。即使决策者知道事件发生的实际概率，他们赋予事件的“心理权重”也会大大高于实际概率，即地方政府和食品生产者会高估查处成功率较低的监管手段的作用。因此，中央政府应该将查处成功率较低的监管手段和查处成功率较高的监管手段结合起来，强化地方政府和食品生产者对查处概率的主观认知，从而将不可获悉的隐性信息转变为守法压力，形成威慑效应。

2. 对食品生产者实施差异性监管

由于风险态度、损失厌恶系数和心理参考点等的差异，食品生产者在作出俘获与否的决策时的心理具有复杂性和多面性。例如，根据前景理论，当面对收益时，决策者倾向于规避风险；当面对损失时，决策者对风险有所偏好。食品生产者是以行业平均利润水平作为参考点的。经济效益好的食品生产者的利润高于行业平均水平，面对收益，其心理模式是防御性的风险规避。经济效益较差的食品生产者的利润低于行业平均水平，面对损失，其心理模式则是进取性的风险偏好。在其他条件不变时，风险偏好不同的食品生产者会作出不同的决策。因此，由于风险态度、损失厌恶系数和心理参考点等的差异，对食品生产者进行监管时，应该综合考虑食品生产者的心理因素，有针对性地制定激励和惩罚制度，对食品生产者实施差异性监管。

3. 对地方政府实施制度监管

中央政府的监管制度是影响地方政府的主观感知的重要因素。因此，中央政府要完善相关制度，用清晰的制度安排，改变地方政府对规制俘获的成本和收益的主观感知。首先，中央政府要完善对地方政府的绩效考核制度，如实施食品安全“一票否决制”等，并提高绩效考核的透明度，将辖区内食品安全状况与地方政府的政绩评价和官员的任职升迁结合起来。其次，对食品安全监管失职官员的再任用采取慎重态度。最后，要延长官员的考核期或实施绩效追溯制度，发挥声誉机制的作用，激励官员主动防范被俘获，积极保障食品安全。

4. 加强信息公开，完善声誉机制

充分、及时、有效的信息公开有利于强化对声誉损失的主观感知，使地方政府和食品生产者担忧声誉损失而不敢盲目地实施规制俘获行为。因此，要及时发现，并将食品生产者的违法信息及时向公众公开。一方面中央政府要积极完善公众举报和媒体曝光制度，尽早发现食品安全风险线索。当前，限制信息公开的主要因素不是公众和媒体参与食品安全治理的积极性，而是公众举报和媒体曝光的交易成本。另一方面要建立食品安全风险数据库曝光企业的违法犯罪行为，达到震慑地方政府和食品生产者的目的。

三　地方政府的监管意愿和行为的背离

本章第一部分的研究显示，地方政府同时承担食品安全监管和经济发展任务，但各任务努力成本的替代关系等会导致监管扭曲，从而使地方政府弱化对食品安全的监管。第二部分的研究则显示，地方政府可能会因规制俘获而弱化食品安全监管。本部分基于地方政府的认知短视导致意愿和行为背离的视角，分析和探讨地方政府弱化食品安全监管的问题。

（一）意愿和行为的背离现象

理论上，行为主体的意愿和行为是一致的。例如，如果一个人有戒烟的意愿，那么该人就也应该有戒烟的行为。但是，已有的研究发现，行为主体的意愿和行为往往是不一致的，或者意愿和行为经常是背离的。例如，叶德珠、蔡赟（2008）研究发现，在决定是否进行虚假信息披露时，上市公司高管人员的意愿和行为是不一致的。

在现实中，经常可以发现食品安全监管中存在一个奇怪的现象。一方面，在制定本地区的发展规划时，地方政府往往会将食品安全工作放在非常重要的位置上。但是，另一方面在落实具体的食品安全工作时，一些地方政府又往往会放弃之前的“承诺”。而且这个现象并不孤立，在不同地区都或多或少地存在。这个奇怪的现象表明这些地方政府并非从一开始就不愿意加强食品安全监管，即它们是有监管意愿的。但是，真正到了落实监管政策的时候，这些地方政府又会弱化食品安全监管，即它们可能没有严格落实监管政策。这个现象实际上反映了一些地方政府的监管意愿和监管行为是背离的。正确地认识地方政府的监管意愿和监管行为的背离问题，有助于从纠正意愿和行为的偏差上进行制度设计，以拓宽防范地方政府弱化食品安全监管的思路。

（二）意愿和行为的背离分析

地方政府可以看作一个独立进行成本收益核算的行为主体。是否会严格进行食品安全监管取决于监管成本和监管收益的比较。关于地方政府的监管成本大于收益还是收益大于成本的问题，当前学术界有两种看法。一种看法认为，食品安全监管的收益小于成本。这是因为地方政府加强监管，食品企业就要加大质量安全投资。这增加了企业的负担，并可能会减少社会就业和政府税收。另一种看法认为，食品安全监管的收益大于成本。这是因为地方政府加强监管，就会杜绝严重的食品安全风险或食品安全事故，确保本地区的食品产业不会因食品安全风险或事件而受损，同时也确保官员不会受到上级政府的行政问责。因此，食品安全监管是有利可图的。上述两种看法都有其合理性，区别在于两者的视角不同。第一种看法关注的是食品安全监管的短期收益；第二种看法关注的则是食品安全监管的长期收益。

根据 Loewenstein 和 O'Donoghue（2004）的研究结论可知，地方政府的决策是官员的理性系统和情感系统共同作用的结果。在进行长期决策时，地方政府官员主要受理性系统支配，情感系统的作用微弱，地方政府会更关注长期收益，那么从长期收益看，即第二种看法，食品安全监管是有利可图的，因此地方政府会加强监管。但是，在进行短期决策时，地方政府官员主要受情感系统支配，理性系统的作用微弱。在刺激机制的驱动下，地方政府会只关注短期收益，那么从短期收益看，即第一种看法，食品安全监管是得不偿失的。因此，尽管在做长期决策时，地方政府有监管的意愿，但在做短期决策即行为决策时，地方政府却可能会弱化食品安全监管。因此，就出现了意愿和行为的背离。

（三）双曲线贴现模型的解释

由于短期收益和长期收益无法直接比较，经济学和社会学上通常用贴现率作为时间偏好的衡量标准。具体的方法是，首先利用贴现率对长期收益进行调整，然后再和短期收益进行比较。本部分引入最常见的用来反映行为主体短期和长期认知偏差的模型——双曲线贴现模型（Laibson，1997）对地方政府的监管意愿和行为背离的现象进行解释。

1. 模型设定

双曲线贴现模型的表达式为：

$$U(t,s) = u_t + \beta \sum_{s=t+1}^{\infty} \delta^{s-t} u_s$$

其中，$U(t,s)$表示地方政府未来各期的效用贴现到 t 期的总效用；u_t 为 t 期的效用；β 为反映贴现率的贴现因子。当 $0<\beta<1$ 时，β 越小说明地方政府的认知偏差越大，反之则越小。如果 $\beta=1$，则说明地方政府没有认知偏差。如果 $\beta=0$，则说明地方政府认知偏差无限大。地方政府从第 0 期到第 s 期的贴现因子分别为$(0,\beta\delta,\beta\delta^2,\beta\delta^3,\cdots,\beta\delta^{s-1})$；从未来第 s 期到第 $s+1$ 期的贴现因子为 δ，而第 0 期到第 1 期的贴现因子为 $\beta\delta$。

2. 模型演绎

如图 6-2 所示，假定地方政府的生存周期为 3 期。在 $T=0$ 时，地方政府进行意愿决策。在 $T=1$ 时，地方政府进行行为决策。地方政府在第二个生存周期内落实监管政策。在落实监管政策时，地方政府需要承担大量的行政资源投入等直接成本，甚至还要承担就业和税收收入下降等间接成本。监管收益的实现需要较长的时间，因此假定监管收益在第三个生存周期内实现。因此，在第二个生存周期内，监管的效用是负的，假定为$-b_1$。在第三个生存周期内，地方政府的监管效用为正，假定为b_2。

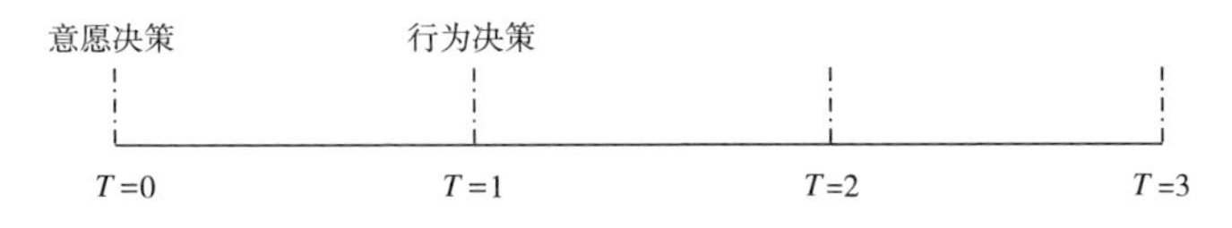

图 6-2　地方政府的生存周期与决策时点

（1）地方政府在$T=0$时考虑是否监管

如果地方政府在$T=0$时决定是否在第二个生存周期内进行监管（这种情况类似于地方政府制定五年或长期食品安全规划），那么，在第二个生存周期内，地方政府监管所获得的效用为$-b_1$。将该效用贴现到$T=0$时的效用为$-\beta\delta b_1$。在第三个生存周期内，地方政府因监管而获得的效用为b_2，贴现到$T=0$时的效用为$\beta\delta^2 b_2$。对地方政府而言，在$T=0$时监管决策的总效用为$-\beta\delta b_1+\beta\delta^2 b_2$。地方政府在$T=0$时监管的条件为$-\beta\delta b_1+\beta\delta^2 b_2>0$，简化可得$-b_1+\delta b_2>0$。

（2）地方政府在$T=1$时考虑是否监管

如果地方政府在$T=1$时决定在第二个生存周期内是否监管（这种情况类似于地方政府对五年或长期食品安全规划进行落实的情况），那么，在第二个生存周期内，地方政府监管所获得的效用为$-b_1$。将该效用贴现到$T=1$时的效用为$-b_1$。在第三个生存周期内，地方政府因监管获得的效用为b_2，贴现到$T=1$时的效用为$\beta\delta b_2$。对地方政府而言，在$T=1$时监管的总效用为$-b_1+\beta\delta b_2$。那么，地方政府在$T=1$时监管的条件为$-b_1+\beta\delta b_2>0$。

现实中，由于监管的未来收益b_2很大，于是$-b_1+\delta b_2>0$。这和现实是吻合的。现实中，地方政府制定加强或促进食品安全监管的文件或规划的现象非常常见。如果$-b_1+\delta b_2<0$，那么地方政府就不会制定这些文件或规划。

当$\beta=1$时，地方政府无论是在$T=0$时进行决策，还是在$T=1$时进行决策，监管的条件都是$-b_1+\delta b_2>0$。因此，在时间偏好一致或不存在认知短视的条件下，地方政府在$T=0$时有监管的意愿（即地方政府会制定食品安全监管的文件或规划），同时在$T=1$时有监管的行为（即地方政府会严格落实相关文件或规划）。

但是，当 $0 \leqslant \beta < 1$ 时，在 $T=0$ 时进行决策时，地方政府弱化食品安全监管的条件是 $-b_1+\delta b_2>0$，此时地方政府有监管的意愿。但是，在 $T=1$ 时进行决策时，地方政府弱化食品安全监管的条件就变成了 $-b_1+\beta\delta b_2>0$。在 β 的值比较小的情况下（极端的情况是 $\beta=0$），就会出现 $-b_1+\beta\delta b_2<0$。此时，地方政府就会弱化食品安全监管。由此可见，在时间偏好不一致或存在严重的认知短视的条件下，即使地方政府在 $T=0$ 时有监管的意愿（即会制定食品安全监管的文件或规划），仍可能会在 $T=1$ 时弱化监管（即不会严格落实相关文件或规划）。

（四）研究结论与政策含义

地方政府的认知短视特征导致了监管意愿和行为的背离。如果能够针对认知偏差的形成原因科学地设计一些制度进行纠正，那么就可以很好地规避地方政府监管意愿和行为的背离导致的弱化监管问题。叶德珠（2010）提出用具有锁定效应的“一票否决制”解决。一票否决制是指对于发生重大食品安全事故的地方，在文明城市、卫生城市等评优活动中实行一票否决；对在特大、重大和较大食品安全事故中存在失职、渎职行为或负有领导责任的责任人员，依法依纪严肃处理。是否予以一票否决以重大食品安全事故的发生与否为主要依据。一票否决制的惩罚威慑可以使地方政府在 $T=1$ 时进行行为决策时，仍然坚持按照原来的意愿行动。

四 本章小结

本章基于委托代理模型、博弈模型和双曲线贴现模型分别研究了地方政府食品安全监管的激励扭曲、地方政府食品安全监管的规制俘获以及地方政府的监管意愿和行为的背离问题。基于本章的研究，可以得到如下结论。

1. 中央政府对经济发展的强激励可能扭曲地方政府的食品安全监管行为

年龄偏大和任期偏短的官员具有较高的风险规避度。这可能会导致地方政府弱化监管。忽视公众满意度的食品安全绩效考核可能会导致地方政府把更多的资源投入与考核相关的程序性和形式性工作中，投入具体监管实践中的资源较少，不利于提高食品安全监管效果和公众的满意度。此外，中央政府对地方政府提供了强有效的经济发展激励。但由于经济发展和食品安全监管任务的努力成本是替代关系，地方政府在提高经济发展任务上的努力程度的同时，在食品安全监管任务上努力的机会成本必然会随之提高。因此，地方政府会提高在经济发展任务上的努力程度并降低在食品安全监管任务上的努力程度。这可能一些是地方政府为追求经济增长而牺牲食品安全的现实原因。

2. 规制俘获取决于地方政府和食品企业对俘获收益和损失的主观感知

地方政府被食品企业俘获也会扭曲地方政府的监管行为。地方政府和食品企业是根据自身感受进行决策的。因此，影响地方政府和食品企业的规制俘获决策的主要因素不是俘获的绝对净收益，而是地方政府和食品企业对俘获收益和损失的主观感知。地方政府和食品企业对损失的厌恶程度和对风险的态度，以及对中央政府发现俘获行为概率的主观感知等影响俘获决策。此外，声誉缺失、问责不力、社会主体的监管不够等导致地方政府和食品企业对俘获的感知收益大于感知成本。这是规制俘获产生的重要原因。因此，中央政府要紧紧围绕改变地方政府和食品企业对惩罚和激励的主观感知来设计规制俘获的防范措施。

3. 认知短视下的监管意愿和行为的背离也导致了弱化监管问题

由于行为主体的认知短视特征，地方政府往往在五年发展规划或食品安全规划等文件的制定中非常重视食品安全工作。但是，在具体落实时，一些地方政府又往往不积极，甚至违背之前的“承诺”。针对认知短视导致的监管意愿和行为背离的问题，中央政府可以强化食品安全的“一票否决制”，利用该制度的锁定效应，威慑地方政府在进行行为决策时仍然坚持按照原来的意愿行动。

第七章

单一行政监管向社会治理的转变问题：构建社会共治体系

本章重点研究理论分析框架的第三个问题。食品安全是公共物品，因此市场是失灵的，政府应该承担起食品安全的供给责任。但是，在地方政府负总责的制度安排下，一方面地方政府会因激励扭曲、规制俘获等弱化监管，另一方面地方政府面对相对有限的监管资源和相对无限的监管对象之间的矛盾。这就导致了地方政府的监管失灵。因此，单纯依靠地方政府无法完全应对食品安全风险，不能为社会提供充足的食品安全。本章首先分析了社会共治的必要性和治理方式，然后分别以公众参与和投诉举报为例研究了社会主体的参与方式和参与意愿问题，最后以食品添加剂的使用行为为例实证研究了影响食品企业自律的主要因素。

一　社会共治的现实基础

从政府唱主角的单一行政监管向政府、社会主体和食品企业多元合作治理的社会共治转变的必要性可以从多个方面或多个角度来解释。但本质上看，社会共治是为了应对食品安全供给上的市场和政府双失灵而产生的。

（一）食品消费市场失灵

1. 信息不对称导致的市场失灵

众多学者认为，消费者和食品生产者之间掌握食品特定属性或特征的信息不对称所导致的市场失灵是食品安全问题产生的根本原因（Antle，1996；Ortega et al.，2011）。Nelson（1970）根据消费者获得信息的途径，把商品分为搜寻品、经验品和信任品三种。其中，搜寻品是指消费者在购买商品之前通过自己检查就可以知道其质量的商品；经验品是指只有购买后才能判断其质量的商品；信任品是指购买后也不能判断其品质的商品。然而，消费者往往在食用之后也无法获知食品某些属性，如农药残留含量、食品添加剂含量等，因此食品具有信任品属性（Caswell & Padberg，1992）。由于食品的信任品属性，无论是在生产过程中（Starbird，2005），还是在交易过程中（Antle，2001），生产者和消费者之间都存在严重的信息不对称。两者间的信息不对称诱发生产者的逆向选择，导致了低质量不安全产品的过度供给（Akerlof，1970）。

下面从三个方面研究如何纠正信息不对称导致的市场失灵。①标志认证和可追溯制度等。在信息不对称的环境中，如果质量信号充分有效且成本低廉，那么生产者可以通过各种途径把质量信号传递给消费者，让消费者识别到优质食品，从而实现优质优价以弥补市场失灵（Grossman，1981）。因此，Antle（1995）认为，可以通过标志认证和可追溯制度等工具将信用品转换成经验品或搜寻品，使消费者在购买之前就可以判断出食品的质量。②声誉机制。声誉是具有信息占有优势的一方向信息占有处于劣势的一方作出的不欺骗的承诺（Dilip & Faruk，2000）。Klein 和 Leffler（1981）提出声誉模型来解决信息不对称的问题。Grossman（1981）认为，声誉机制可以形成一个独特的高质量高价格市场均衡而不用通过政府来解决食品市场的质量安全问题。Shapiro（1983）认为，只要维持高质量能够给生产者带来未来收益，生产者就会维持其声誉而提高产品质量。③纵向契约。Vandenbergh（2007）等研究认为，供应链上的强势参与者（如零售商）能够通过有效的契约条款控制最终到达消费者手中的产品的质量。Goodhue（2011）强调，为了更好地控制产品质量，食品供应链中农户、加工企业、运输企业和零售企业之间的契约激励将会越来越普遍。但当为保证合同义务得到履行而签订合同的成本很高时，纵向一体化就成为解决供应链中由信息不对称导致的道德风险问题的一个可能方法（Vetter & Karantininis，2002）。

2. 食品安全的公共物品属性导致的市场失灵

当前学术界普遍认为，信息不对称导致的市场失灵是食品安全问题产生的原因，同时也是进行食品安全监管的原因。但是本书认为，食品安全的公共物品属性导致的市场失灵才是食品安全问题产生的根本原因，同时也是进行食品安全监管的根本原因。

信息不对称理论源自学界对二手车市场的研究。阿克尔洛夫认为，当信息对称时，二手车市场的好车和坏车会分成两个独立的市场，好车市场价格高，坏车市场价格低；在信息不对称时，消费者无法区分好车和坏车，二手车市场的好车和坏车会混在一起销售，并会出现坏车驱逐好车的柠檬效应。在二手车市场上，信息不对称导致的市场失灵的本质问题是坏车被当作好车以高价销售出去，并进而导致好车不能以高价销售，违背了“优质优价、劣质低价”的市场原则，扰乱了整个市场，降低了市场效率。

这个理论经常被用来解释不安全食品为什么会存在。食品具有信任品属性，信息不对称是难免的。在信息不对称时，由于消费者无法区分安全食品和不安全食品，安全食品和不安全食品会混在一起销售，并会出现不安全食品驱逐安全食品的柠檬效应。当信息对称时，消费者就可以分辨出哪些是安全食品，哪些是不安全食品。

以二手车市场为例对信息不对称问题的探讨有一个非常重要的前提条件，即无论好车还是坏车都是符合国家产品标准的，区别只是质量上存在差异。正因如此，在信息对称的条件下，二手车市场的好车和坏车才能够分成两个独立的市场，两个市场的车分别以不同的价格销售，互不干扰。

但是，现有的研究把信息不对称的分析模型移植到食品安全问题上时，恰恰忽略了这个重要的前提条件。不安全食品和二手车市场的坏车是完全不同的。坏车是符合产品标准的，是可以上市销售的，只是价格应该比好车低。然而，不安全食品是不符合食品安全标准的，根本就不应该上市销售，也谈不上分隔市场和价格高低的问题。而且，根据信息不对称的分析模型，即使通过信息披露实现了信息对称，食品市场也只是会分隔成不安全食品市场和安全食品市场两个独立的市场。安全食品的市场价格高，不安全食品的市场价格低，此时市场是有效率的。但问题是，在这种情况下，往往收入较高的消费者才有能力消费安全食品，而收入较低的消费者往往只能消费不安全食品。这显然不符合社会对食品安全的要求。因此，这里的信息对称仅仅是为了防止不安全食品冒充安全食品销售。信息对称可以提高市场效率，解决市场失灵问题，却并不能解决整个社会的食品安全问题。即使信息是对称的，食品安全问题仍然存在。

食品要满足无毒无害的特殊要求，所以不安全食品市场根本就不应该存在。因此，应该设置一个标准，把不安全食品从市场上全部剔除掉，让市场上只剩下安全食品，这样才可以确保整个社会的食品都是安全的。那么，应该由谁来设置标准并落实相关措施，以确保整个社会的食品都是安全的呢？显然，确保整个社会的所有食品都应该符合食品安全标准且不对消费者的健康和安全造成危害的食品安全，是一个公共物品。市场在提供食品安全这个公共物品上是没有效率的，即市场是失灵的。因此，进行食品安全监管的根本原因是由食品安全的公共物品属性导致的市场失灵。

（二）食品安全监管的政府失灵

食品安全是公共物品，因此在食品安全的供给上，市场会失灵。政府应该来供给食品安全这个公共物品，供给的方式是食品安全监管。但不幸的是，政府的食品安全监管也可能是失灵的。前文已述及，政府监管失灵的问题比较复杂，本书主要从两个方面来解读。一方面，地方政府面临资源约束问题。在食品安全监管中，食品生产经营者的数量庞大，但是地方政府监管人员和资源是稀缺的。因此，地方政府面对相对有限的行政监管资源和相对无限的监管对象之间的矛盾。而且更为严重的是，食品安全涉及多个专业性非常强的领域，需要依赖大量不同行业的专业技术人才。虽然政府部门内部有从事相关的风险评估、危害检测等工作的专业技术人员，但技术人员的数量和技术水平难以满足日益复杂化和精细化的技术需求。尽管增加技术人员可以缓解人员短缺的问题，却有可能造成行政资源的不合理配置。地方政府监管资源的稀缺性和监管对象规模的庞大性之间的矛盾不可避免地会造成监管失灵。

另一方面，地方政府可能会因激励扭曲和规制俘获等而弱化监管。例如，地方政府可能会偏离法定的监管目标，甚至扭曲监管资源配置。利益集团的游说、寻租、不作为等都可能导致食品安全监管的政府失灵。虽然上级政府也可以通过问责和激励等行政措施进行防范，但是，仅仅依靠上级政府的力量是完全不够的。因此，当食品安全事件发生时，一些地方政府、食品企业等主体会相互推脱责任，表现出“有组织的无责任”。这种“有组织的无责任”现象往往因为缺乏有威慑力的惩罚机制而得不到有效的遏制，成为消费者等普通公众对食品安全信心下降的重要原因。此外，在过往的监管模式下，政府通常站在道德的制高点自上而下地监督食品企业等主体。食品企业和政府监管部门是地位不对等的被监管者与监管者的关系。这客观上造成食品企业把政府的监管看作其获得更多经济利益的障碍，从而自然地设法规避政府的监管，并在此过程中放弃自身的社会责任。

二　社会共治的理论基础

社会组织可以监督政府行为，通过自身力量迫使政府改正不当行为，起到弥补“政府失灵”的作用（Bailey & Garforth，2014）。随着公民参与意识和能力的增强，社会主体等第三部门可以参与到食品安全供给中来。学术界和社会舆论引入奥斯特罗姆的多中心治理理论，提出了借助食品安全社会共治的制度安排来解决市场和政府双失灵的问题。从食品安全治理角度看，从单一的政府监管模式走向社会共治模式是必然选择。一方面，社会共治将传统的单向监管理念转变为合作治理理念，将政府与食品企业的关系由之前的非对等的监管者与被监管者关系转变为对等的合作者与互动者关系。另一方面，社会共治可以克服中国面临的相对有限的行政监管资源和相对无限的监管对象之间的矛盾，可以充分发挥和利用多元主体的力量弥补政府监管力量的不足、单一监管的缺陷和市场失灵。因此，食品安全治理从政府唱主角的单纯行政监管走向政府、社会主体和食品企业多元合作治理的社会共治模式是必然选择。

社会共治理论根源于欧美国家的合作治理理论和国家与社会互动理论。这个理论提出以来受到了陷入政府治理困境的诸多国家以及行政管理学者们的高度重视。

（一）合作治理理论

在20世纪的最后20年，重新兴起的新自由主义经济理论和思潮基于自由主义理论对人类社会行为的一些关键假定，探讨人类合作的可能性，并对合作的条件进行论证和推导。在公共管理领域，为了解决新公共管理理论导致的政府治理碎片化和分散化等问题，基于合作和协调的整体性治理理论受到国外学者的关注。整体性治理理论强调政府部门间的合作和协调。但是，随着社会力量的兴起，强调在社会治理中引入政府之外的社会力量的合作治理理论开始受到关注。

作为一种治理安排，合作治理的特征是由公共机构发起，非国家行为者参与，参与者直接参与政策制定而不仅仅是“被咨询者”，正式组织并集体讨论，目的是制定统一的政策，共同关注公共政策的制定和管理。显然，合作治理是由政府发起和推动、政府和非政府机构合作的治理模式（Emerson et al.，2012），而公私部门合作创造出新的规则是合作治理的关键（Fearne & Martinez，2005）。因此，在合作治理中，政府发挥着决定性作用。

此外，知识的专业化和分散化，以及管理机构基础设施更加复杂化和相互依赖也要求合作治理。但是，当前学术界对合作治理的研究通常仅限于对特定国家或地区的政府治理失灵进行的研究。由于研究者和研究区域不同，当前文献对合作治理的特征的描述混乱，大多数文献仍然关注合作治理的类型而不是内在特征。对合作治理的广泛分类，也限制了一般性理论框架的建立。

（二）国家与社会互动理论

在以自然经济为基础的传统社会中，国家的动员能力、行政范围和效率，以及对社会的渗透和控制能力都极为有限（吴惕安、俞可平，1994）。而且，居住分散、同质化的村民群体没有被有效组织起来，加上对权威的盲目崇拜，致使社会对国家的反馈能力被严重限制。以往的研究往往将国家和社会看作零和博弈的二分关系，国家和社会间的关系被割裂开来。但是，随着市民社会的来临，民族国家的统治者再也无法忽视民众的呼声。

现代政府是有限政府，政府与社会的互动边界日渐清晰化，并逐步走向“大社会、小政府”的发展格局（钟起万、邬家峰，2013）。

20世纪90年代以来，国内外学者开始重新思考并用案例研究国家与社会的关系。如米格代尔研究了国家与社会关系变迁的过程，认为国家与社会互动可以达到国家与社会力量合作，以及社会改变国家或国家控制社会的结果，即国家和社会相互影响、相互形塑。埃文斯提出了国家与社会共同治理的理论，并对部分国家社会共治的经验进行了总结。对国家和社会之间关系的研究已经从“对立”式思维转向“互动”式思维，相关成果被应用到社区治理、文化治理、公共物品供给、村民上访等众多领域。并且，我们应该基于国家与社会互动的视角来理解国家建设，国家要超越和渗透社会，体现自主性和嵌入性（包刚升，2014）。

三 社会共治的治理途径

一方面，市场和政府的双失灵要求创新食品安全治理模式。另一方面，企业、行业协会等非政府力量在食品生产技术与管理等方面具有独一无二的优势，可以成为政府食品安全治理力量的有效补充。因此，根据比较优势原则，引入社会主体，合理确定社会主体在食品安全治理中的职能分工与治理边界，充分发挥社会主体规模庞大的优势，实现传统的单一由政府采用行政监管手段供给食品安全转向多元主体共同供给食品安全，可以有效地提高食品安全供给的效率。

社会共治的三大主体是政府、社会主体和食品企业（见表7-1）。在这三大主体中，政府的主要作用是制定相关的法规制度以及食品安全标准、明确社会共治运行的基本机制、确定其他主体在社会共治中的职能、对食品企业进行安全检查并奖优罚劣等。但是，需要说明的是，制定法规制度以及食品安全标准等属于中央政府的职责。地方政府的职责主要是行政监管，如对食品企业进行安全检查等。当然，地方政府会制定本地区的相关规章制度。除了政府之外，社会主体的参与和食品企业的自律发挥着重要作用。地方政府应该积极把社会主体也纳入食品安全监管体系中，同时要促进食品企业的自律。这是地方政府构建社会共治体系，实现社会共治的重要途径。

表 7-1　社会共治中的三大主体

参与主体		职能划分	运行机制
政府		确定边界、明确机制、制定标准和法规制度、奖惩和检查等	利益机制 市场机制 诚信机制 奖惩机制 信息机制
食品企业		诚信经营、杜绝造假、生产控制、风险防范、同业监督等	
社会主体	公众	投诉举报、监督、参与决策、表达诉求等	
	行业协会	制定和执行行业标准、签订自律公约、行业监管、对企业进行教育培训等	
	媒体	曝光违法行为、舆论引导企业自律和对公众与企业进行宣传教育	
	第三方组织	质量认证、质量检测、信用评估、风险评估等	

资料来源：笔者根据资料整理绘制。

（一）社会主体的参与

社会主体是食品安全社会共治的重要组成部分，是促使食品安全行政监管向社会治理转变的关键。作为由公民与各类社会组织等构成且独立于政府、市场的“第三领域”，社会主体能够参与并作用于食品安全治理，从而成为政府监管、企业自律的有力补充。

在现实中，社会主体包括公众、行业协会、第三方组织和媒体等。其中，公众参与社会治理的方式主要是投诉举报、监督、参与决策和表达诉求等。行业协会参与社会治理的方式主要是制定和执行行业标准、签订自律公约、行业监管和对企业进行教育培训等。第三方组织参与社会治理的方式主要是质量认证、质量检测、信用评估和风险评估等。媒体参与社会治理的方式主要是曝光违法行为、舆论引导企业自律和对公众与企业进行宣传教育等。

确保社会共治正常运行的机制主要包括利益机制、市场机制、诚信机制、奖惩机制和信息机制。其中，利益机制决定了各个主体参与社会共治的内在动力，以及利益诉求，是激发各主体发挥应有作用的原动力；市场机制、诚信机制和奖惩机制则确保了利益机制的正常运行，帮助各参与主体获得正常收益；而信息机制则克服了主体间的信息不对称，可以促进主体间的协调合作，避免欺诈行为。

经济人的特性决定了各个参与主体必然是在一定的利益追求下参与社会共治的。具体来看，政府的利益追求是弥补市场失灵，实现社会福利最大化；消费者的利益追求是希望可以消费更加安全的食品；行业协会的利益追求是整个行业的有序、平稳发展；第三方组织的利益追求则是提供有偿服务；食品企业的利益追求则是希望提升食品质量、树立良好口碑、实现长远发展。各个参与主体的利益追求能否通过社会共治制度实现直接决定其参与共治的意愿和能力。因此，国外学者非常关注社会共治的利益分配（Martinez et al.，2007）。在食品安全社会共治体系建设中，政府不能单纯地强调食品安全，而要切实将各主体的利益追求作为共治体系建设的立足点和出发点。

市场机制和奖惩机制是各个参与主体的利益得以实现的重要手段。其中，市场机制反映的是资源分配的效率和社会对市场体制的认可程度，是基础，在最基础的层面上决定利益分配；诚信机制反映的是诚信水平对企业的约束力，是重要补充，部分地弥补市场机制的缺陷；奖惩机制反映的是政府协调各个参与主体间的利益的决心和能力，是最终手段，直接对错配的利益加以调整。在社会共治中，市场机制、诚信机制和奖惩机制缺一不可。

在经济活动和政府管理中，信息不对称是常态。同时，食品生产者和消费者间的信息不对称还是食品安全风险产生的重要原因。换言之，如果消费者拥有充分和完全的食品信息，能够分辨安全食品和不安全食品，那么所谓的食品安全问题自然就不存在了。在社会共治中，各个参与主体的协调和合作也可能会因为信息不对称而失灵，甚至部分参与主体可能会利用信息优势进行欺诈或造假。此外，信息机制还是市场机制和奖惩机制正常运行的前提和基础。因此，在社会共治中，信息机制的作用必须受到高度重视。

（二）食品企业的自律

食品企业是食品生产的主体，其生产行为直接或间接决定食品的质量安全。提高食品安全水平，企业自律是重要一环。因此，食品安全社会共治要求食品企业承担更多的食品安全责任（Codron et al.，2007；Rouvière & Caswell，2012）。如英国1990年的《食品安全法案》中引入了“应有的注意防护”，要求食品企业采取食品安全控制措施，保证生产和销售食品的质量安全（Hobbs et al.，2002）。从2006年起，国内学者也开始关注如何使企业遵从食品安全规制、履行食品安全责任（王志刚等，2006）。

结合Eijlander（2005）对自律的分类以及我国实际，在社会共治模式下，企业自律大致分为三类。一是自发性自律，即企业发展到一定阶段，为提升品牌形象和产品竞争力，实现长远发展，主动实施生产控制以防范安全风险的自律行为。二是强制性自律。在无约束情况下，食品企业有投机的动机。但是，在政府的严厉处罚下，企业可能会被迫放弃投机行为，加强自律。三是诱导性自律。企业没有投机动机，同时也没有进一步加强生产过程控制的意愿。行业协会、消费者等社会主体也可以通过要求企业签订自律公约、投诉举报等方式促使企业自律。

自发性自律通常是社会组织的自发行为。如果企业的诚信水平比较高，社会责任意识比较强，而且自律所带来的成本大于收益，那么食品企业就会主动自律。但是，如果社会组织的诚信水平低，社会责任意识不强，而且遵守法律法规的收益不足以刺激企业自发自律，那么政府就应该进行监管或规制以促使企业自律，即强制性自律。但是政府缺乏只有被规制企业才能获得的大量专业化信息，这就导致政府的食品安全监管因信息不对称而失灵。因此越来越多的学者认为，规制不再只是政府的专利。被规制企业可以相互监督，媒体和消费者等社会主体也可以参与到食品安全治理中，以弥补单纯自发性自律和强制性自律的不足。

食品企业自律可以视为在政府和社会的作用下，食品企业通过设备更新、健全生产操作流程、改善生产环境等一系列措施，遵守法律法规和服从食品安全监管部门的相关要求，降低生产经营过程中的安全风险。因此，从行为规范上看，自律表现为食品企业通过质量投入等加强质量安全控制，降低生产过程中的安全风险。Serences和Rajcaniova（2007）认为，食品安全可以被理解为关于植物健康保护、动物健康保护的措施。这些措施实现了食物链和最终食物的安全。为加强食品安全管理，国际食品法典委员会制定了指导、规范食品生产经营活动的良好生产规范（Good

Manufacturing Practice，GMP），并提出了鉴别、评价、控制食品安全危害的危害分析临界控制点（Hazard Analysis Critical Control Point，HACCP）。联合国粮农组织和世界卫生组织将危险性分析（Risk Analysis）应用于食品安全管理，并建立一套完整的危险性分析体系。GMP、HACCP和Risk Analysis是食品企业进行食品安全管理的重要工具。同时，企业是否采用这些管理工具在一定程度上反映了企业是否自律。

四 社会主体的参与方式：公众参与的国际考察

在社会共治中，公众是共治主体的重要组成部分。那么，值得关注的问题是，公众参与的原因是什么？公众应该通过什么方式参与社会共治？公众参与的制度环境是什么？厘清这些问题对于完善公众参与的制度安排具有重要意义。

（一）公众参与的原因

政府为什么要引导公众参与食品安全监管呢？因为公众的参与可以有效地降低政府所面临的政治风险和社会风险。那么，公众参与是如何降低政府面临的政治风险和社会风险的呢？对这个问题，当前主要有如下几种认识。

1. 弥补监管力量的不足

政府应综合使用引导、奖惩等组合措施促使食品生产经营者自律。但受行政资源短缺的约束，政府自身的监管力量往往捉襟见肘。根据比较优势原则，引入公众参与，合理确定公众在食品安全治理中的职能分工与治理边界，充分发挥公众人数多的优势，不但可以有效地弥补监管力量的不足，也能够实现不同治理主体间的良性互动。

2. 弥补专业人才的不足

食品安全涉及多个专业性非常强的领域，需要依赖大量不同行业的专业技术人才。增加技术人员虽然可以缓解人员短缺的问题，但是有可能造成行政资源的浪费，而且也违背了经济性原则。通过公众参与的方式引入社会中的专业技术人才，可以有效弥补政府内部专业技术人才的不足。

3. 提高政策的效率和科学性

在食品安全政策的制定中，政府部门需要综合考虑消费者、食品企业等主体的利益诉求，以保证食品安全政策的效率、科学性和公平性。Dreyer 和 Renn（2009）认为，食品安全监管的公众参与机制的核心就是建立一个交流机构，就治理过程中的关键要素进行充分的交流，以便实现政策制定的科学化。为此，需要建立一个供各利益主体相互交流的公众参与平台。借助这个平台，消费者、第三方组织、媒体等主体被赋予政策制定中“被咨询者”或“提出建议者”的身份，可以表达自身的利益诉求。

4. 防范政府失灵

一方面，地方政府也是理性经济人，有自身或部门的利益追求。在理性选择时，地方政府可能会偏离法定的监管目标，甚至扭曲监管资源的配置。而且，利益集团的游说、寻租、不作为等都可能导致食品安全监管的政府失灵。另一方面，即使地方政府放弃利益追求和寻租等行为，但受能力、监管者与被监管者间的信息不对称等限制，也会存在政府监管失灵现象。在政府监管失灵的情况下，要破解食品安全监管的症结，关键在于对安全监管体系进行重构。作为食品安全风险的承受者和食品安全治理的重要力量，公众的参与是对监管体系进行重构的一个选项，有助于防止政府监管失灵导致的监管目标和资源配置的扭曲，避免行政体制的干扰。

（二）公众参与的方式

在美国和日本等发达国家，公众是怎样参与到食品安全治理中的？围绕上述问题，本部分从立法参与、执法参与和司法参与三个角度，比较分析中国、美国、日本三个国家在公众参与方式上的区别和联系，以期为完善我国公众参与方式提供参考。

1. 立法参与

从立法参与角度看，中国、美国、日本三个国家的公众都可以参与法律的制定。政府欢迎民众参与法律制定的主要目的是提高法律的效率和科学性。从制度变迁的角度看，公众的意见表达和呼吁是法律、制度、政策等演进和变革的动力，同时也是法律、制度、政策等的落脚点。中国、美国、日本三个国家不约而同地用法律的形式明确了公众在食品安全法律、制度和政策制定中的“被咨询者”或“提出建议者”的身份。美国和日本都已经建立起相对完善的渠道和程序等，强化政府与公众间的沟通交流，使消费者和个人等都可以参与到食品安全行政法规的制定中，并将他们的建议作为政府决策的重要参考。这充分反映了在立法层面鼓励公众参与已是各国共识。

公众在立法层面上的参与可以有效提升公众对政府决策的信任度，并且可以防范政府被利益集团俘获。一方面公众不了解政府的决策过程、决策依据等，另一方面政府的决策没有遏制住食品安全风险。因此，频繁发生的食品安全事件引起公众对政府的不信任，并极大地损害了政府的威信。而实际上，在食品安全监管上，政府面临着复杂的困境。政府有必要将公众纳入相关的决策过程中，一方面可以让公众了解政府面临的困难和决策的依据，另一方面公众提出意见也可以提高决策的科学性。

2. 执法参与

从执法参与角度看，美国的目的是弥补专业技术人才的不足。与中国的食品安全风险主要是人源性风险不同，美国的食品安全风险主要是微生物超标等风险（吴林海、钱和，2013）。这个区别决定了美国对微生物学家、医生等专业技术人才的依赖性比中国大。因此，美国不仅成立了第三方独立的食品安全检测实验室，以强化食品安全检测，解决专业技术人才不足的问题，甚至食品安全监管最高的执法机关食品药品管理局都是由律师、医生、化学家和微生物学家等专业人士组成的，并且还聘请专业人士参与执法监管。

日本从立法参与到执法参与都强调公众至上的原则，注重防范行政体制对食品安全监管的干扰，提高食品安全监管的独立性和中立性。为使民众成为评估和决定食品安全水平的最终力量，日本鼓励体制之外掌握食品安全知识的有识之士参与食品安全监管。在日本，负责食品安全事务管理的食品安全委员会的专家委员都是民间人士。行政部门每年会公开招聘委托6000名非公务员消费者担任独立的安全监督员，对食品安全情况进行日常调查与监管。专家委员和安全监督员的结合保证了食品安全执法的中立性。

我国食品安全监管的突出短板是监管力量不足，这体现了“相对有限的政府监管力量与相对无限的监管对象”之间的矛盾。这个矛盾必然衍生出公共部门执法任务繁重和公共执法资源严重不足的双重约束。需要引入消费者、媒体等公众力量，分担监管机构的执法负荷。因此，我国强调的是多元主体的共同参与（陈彦丽，2014），通过简政放权强化执法责任，引入社会力量参与食品安全执法检查（邓刚宏，2015），将违法违规行为置于人民群众的广泛监督之下。我国面临着监管力量的不足，在执法参与上更重视通过公众参与的方式发现食品安全风险。食品安全风险可能发生在食品供应链的任何环节，因此其可能被很大范围内的非政府主体掌握，如消费者、媒体等。从我国现有的法律法规和公众参与的实践看，公众举报、媒体曝光、消费者保护组织的监督等为政府食品安全监管提供线索的参与方式，是当前我国公众参与食品安全治理的重点。

执法参与上的不同反映出各国在食品安全监管上面临不同的困难，呈现不同的诉求。当然，我国的食品安全监管同样面临着化学、医药、生物学等专业技术人才缺乏和行政体制干扰的问题。但是，治理能力的建设是梯度进行的。在监管力量得不到充实之前，专业技术人才缺乏和行政体制干扰问题可能会被暂时搁置或者得不到足够重视。

3. 司法参与

从司法参与角度看，美国设立了公益诉讼和集体诉讼制度。公益诉讼制度保证公众即使没有受到直接损害也能够对违法者提起公诉。一旦诉讼成功，违法者将支付巨额的行政罚款、民事赔偿，并且可能要承担刑事责任。为鼓励公众积极提起公益诉讼，法律规定，提起诉讼者可以获得行政巨额罚款的20%左右的奖励。食品安全诉讼具有群体性和公益性，因此美国设立了集体诉讼制度，赋予个别消费者或者消费者保护组织等代表消费者提起诉讼的权利，允许一人或者数人代表其他消费者提起诉讼。集体诉讼制度拓展了公众参与的深度和广度。总体上看，无论是公益诉讼制度还是集体诉讼制度，都反映出美国鼓励公众通过司法参与方式无缝打击食品安全违法违规行为的倾向。

日本在司法参与上的实践主要是建立了消费者团体诉讼制度。日本赋予若干个消费者团体以诉讼资格，允许其代表消费者要求食品生产者停止不当行为，并提起相应的诉讼。当利益受到侵害时，消费者可以向具有诉讼资格的消费者团体提出请求。与美国的诉讼制度中的惩罚性赔偿不同，日本的消费者团体诉讼制度仅限于提起停止侵害之诉，而不能提起损害赔偿之诉。这就表明，消费者团体诉讼制度只能降低对消费者的损害和防范损害的扩大，利益已经受到侵害的消费者无法获得相关赔偿。这是美国和日本在司法参与上的区别。显然，损害赔偿制度更有助于震慑不法食品生产者，但是在程序上更为复杂。

我国建立了司法参与上的民事诉讼制度和司法赔偿制度。这和美国具有相似之处，但是两者在目的上是不同的。美国的诉讼制度和赔偿制度倾向于加重对食品生产者的惩罚，以打击损害公共利益的行为。但是，我国的着眼点和主要目的是赔偿受害人的损失，维护消费者的权利。这个区别可以用惩罚性赔偿的力度来解释。根据我国《食品安全法》的规定，消费者在受到侵害时除可以要求赔偿损失外，还可以向生产者或者经营者要求支付价款十倍或者损失三倍的赔偿金。这个条款表明，消费者可以获得的赔偿主要取决于食品价款和损失。但由于现实中损失的举证困难，食品价款的数额很小，我国惩罚性赔偿的实际威慑力远远不够。而在美国，惩罚性赔偿的额度之高令人震惊。2016 年，纽约的一家米其林餐厅因顾客在餐食里吃出了刷锅残留的钢丝致喉咙受伤而被诉至法院，被法院判罚赔偿 131.1 万美元，其中惩罚性赔偿高达 100 万美元。

此外，在具体执行中，我国的民事诉讼制度和民事赔偿制度还存在举证困难的问题。根据《食品安全法》的规定，消费者因消费不符合食品安全标准的食品受到损害的，可以向经营者要求赔偿损失。因此，我国的损害赔偿制度要求被害人有直接损害，但这在现实中举证困难。为了举证维权，消费者要支付的成本很高。由于惩罚性赔偿的缺位，在我国食品生产者的违法收益大于违法成本，公众的维权成本大于维权收益。这可能是食品造假和欺诈等违法犯罪行为不断发生的重要原因。中、美、日三国的公众参与食品安全监管的联系与区别见表 7-2。

表 7-2 中、美、日三国公众参与食品安全监管的联系与区别

		美国	日本	中国
立法	方式	公众参与法律的制定	公众参与法律的制定	公众参与法律的制定
	目的	提高政策的效果和科学性	提高政策的效果和科学性	提高政策的效果和科学性

续表

		美国	日本	中国
执法	方式	食品安全检测由非政府实验室完成；最高执法机关由医生、律师、微生物学家等社会专业人士组成	食品安全委员会的专家成员从“优秀的掌握食品安全知识的有识之士中选出”；可以摆脱行政体制干扰的独立的安全监督员	任何组织或者个人有举报权和知情权；消费者协会和其他消费者保护组织进行社会监督
	目的	弥补专业技术人才的不足	防范行政干扰	弥补监管力量的不足
司法	方式	公益诉讼、集体诉讼等	消费者团体诉讼制度	民事诉讼、司法赔偿
	目的	打击损害公共利益的行为	停止损害公共利益的行为	赔偿受害人损失，维护消费者的权利

资料来源：笔者根据资料整理获得。

（三）公众参与的制度环境

制度环境是自发形成并被人们无意识接受的行为规范，通常包括一系列与政治、经济和文化有关的法律、法规和习俗。公众参与的制度环境通过作用于公众对社会治理的参与意愿和行为，以及政府推动公众参与的积极性，从而影响公众参与的广度和深度。因此，完善食品安全公众参与制度还要慎重考虑其面对的制度环境。在我国，社会治理现代化和地方政府负总责制从正向促进公众参与，而公众固化的思维模式和配套制度不完善则从反向制约着公众参与。

1. 社会治理现代化

在食品安全监管中，一方面，落后的生产方式和人源性风险决定了以实现生产者自律为目的的食品安全监管的艰巨性和长期性；另一方面，在政府—市场的治理框架中，市场机制不完善和政府基层监管力量薄弱决定了只依靠市场和政府的力量无法将食品安全风险防范到公众期望的程度。因此，创新社会治理模式，发挥公众的力量，合作治理食品安全风险是必然之举（谭志哲，2012）。党的十八届三中全会通过的《中共中央关于全面深化改革若干重大问题的决定》明确提出要“推进国家治理体系和治理能力现代化”，并单列一章强调要创新社会治理体制。从社会管理向社会治理的转变，要求在法治的框架下，探索公众参与社会治理的新机制和新方法，实现食品安全监管体系和治理能力建设的现代化。该决定的出台为将公众参与纳入食品安全监管体系提供了契机，对推动公众参与的发展具有重要的现实意义。

2. 地方政府负总责制

在地方政府负总责制下，一旦在辖区内爆发严重的食品安全事件，负责食品安全监管的地方政府官员会受到上级的问责和处分，地方政府会受到当地公众的指责。因此，地方政府负总责制从“下方的公众”和“上方的上级”两个方向给地方政府和官员带来了巨大压力。在地方政府负总责制下，地方政府可以引入公众参与有效地减轻其所面对的双重压力。首先，尽早发现食品安全事件的苗头并及时将其遏制住是避免甚至杜绝食品安全事件的有效方法。公众与食品的接触最紧密，对风险最敏感。如果发动数量庞大的公众的力量，合力发现和举报食品安全违法行为，那么，食品安全风险就将无所遁形，食品安全事件就可尽量避免。其次，公众参与无形中向社会传递出一个重要的信号，那就是食品安全问题不能完全依靠政府来解决，公众也应该承担起相应的责任。这个信号会分散地方政府所背负的责任和压力。因此，地方政府负总责制有助于地方政府完善和落实公众参与的制度安排。

3. 公众固化的思维模式

长期以来，我国一直实践着典型的“大政府、小社会”的政府管理模式。政府的权限无限扩大，决定着整个社会资源的配置和利用。在这一政府管理模式下，经济发展和社会生产、生活都极度依赖政府，公众几乎完全丧失了参与公共事务管理的积极性和能力。虽然我国已经在积极致力于改变“大政府、小社会”的政府管理模式为“小政府、大社会”的政府管理模式，鼓励并促进社会公众积极参与公共事务，但是，当前仍有一部分公众没有改变或摒弃旧有的思维模式，仍然认为政府应该大包大揽。这部分公众认为食品安全监管是政府的职责，与己无关，于是参与食品安全监管的责任感不强。以公众参与中的有奖举报为例，部分消费者即使获知了食品安全犯罪线索也不会主动举报，除非涉及自身的利益。公众参与的积极性不高是制约公众参与的顽疾。在“大政府、小社会”的政府管理模式下，公众所形成的根深蒂固的思维模式不利于政府调动公众的积极性。

4. 配套制度不完善

《食品安全法》等法律法规从立法上明确了食品安全监管中的公众参与制度，凸显了政府与公众合作协同治理食品安全风险的意愿和决心。但是在具体实施上，却面临着配套制度的不完善等问题，制约公众参与制度的构建。以公众参与中的有奖举报为例，举报丑行是法律赋予的神圣权利，人人都享有举报丑行维护社会公平正义的权利。保护举报人是国际通行规则，部分国家和地区还设立了专门保护举报人的机构予以举报人“特殊保护”。我国也在多部法律法规中明确了举报人保护制度。如根据《食品药品投诉举报管理办法》规定，对举报人的信息要严格保密。但是，我国的举报保密制度不完善。而且，即使保密工作做得再好，也难保举报信息不会被泄露出去。在现实中有举报人因信息泄露而遭到被举报人打击报复的案例。这就导致举报人在举报时心有顾忌，在举报后不敢领奖。

五　社会主体参与意愿的影响因素：以投诉举报为例

公众的参与意愿是社会共治的微观基础。如果公众的参与意愿不高，社会共治就成为无源之水。因此，现实的问题是，当前社会主体参与社会共治的意愿如何？哪些因素会影响到社会主体的参与意愿？

社会主体的范围非常广泛。受时间和篇幅所限，研究所有社会主体的参与意愿是不现实的。投诉举报是公众参与的重要方式，是当前食品安全社会共治体系的重要组成部分。当前，在消费者投诉举报的研究上，已有的研究主要是简单地泛泛分析博弈模型，尚未有学者基于微观视角研究影响消费者投诉举报意愿的主要因素。因此，本部分以消费者的投诉举报为研究对象，实证研究公众参与的意愿及其影响因素。

（一）食品安全投诉举报的特征

食品安全投诉举报是公众根据《食品安全法》等法律法规的规定，选择适当的方式向食品安全监管机构等报告食品安全犯罪案件线索或食品安全风险线索，请求依法依规查处的行为。投诉举报是食品安全信息披露制度的有机组成部分，是食品安全社会共治体系的重要内容，是社会监督的有效途径和表现形式之一（龚强等，2013）。食品安全投诉举报具有如下特征。

1. 举报行为的合法性

食品安全投诉举报不仅仅是宪法赋予的政治权利，也是《宪法》和《刑事诉讼法》等明确规定的公民应承担的检举他人违法犯罪的义务，是公众维护法律尊严、惩治违法犯罪行为的有效途径。食品安全投诉举报具备充分的实证法律依据。因此，投诉举报是受到法律保护的合法行为。不管举报人主观上出于何种动机，或者为了达到何种目的，只要举报的内容属实，其结果在客观上有利于社会大众，维持了社会公正，就理应得到法律的保护。但是，公众也要对举报内容的真实性、客观性和可靠性承担责任，不能为了泄私愤或者为了非分要求颠倒是非，捏造事实，恶意举报。

2. 提供线索的主动性

投诉举报是公权力主体与私人力量合作执法的一种制度安排，是政府低成本获取执法信息的重要途径。在合作执法中，公众主动地向食品安全监管机构等汇报线索。公众提供线索有两个动因。①主动行使公民权利，保护自身利益的责任意识。食品安全违法违规行为会损害消费者的身体健康，造成巨额医疗成本。提供线索给监管部门，打击违法违规行为并销毁问题食品是公众保护自身利益的必然选择。②获得举报奖励的利益诱惑。在有奖举报制度下，监管部门证实线索的真实性后，会支付给举报者一定的物质奖励。这也是为了鼓励公众主动举报。在大多数情况下，上述两个方面的原因糅合在一起分别从责任心理和物质激励上引导公众与公权力主体合作共同打击食品安全违法违规行为。

3. 线索来源的广泛性

食品安全信息有效传递是食品安全监管体系发挥作用的前提。投诉举报丰富了监管部门的食品安全信息的线索来源，是打击和震慑食品安全违法违规行为的重要途径。首先，从群体规模看，任何人只要获得线索就可能会举报，举报群体的庞大数量决定了线索来源的广泛性。面对严峻的食品安全形势，只有发动公众，打一场“人民战争”，才能够进行全方位无死角的监管。其次，从举报渠道看，举报者可以通过网络、电话、微博等多种渠道举报，方便快捷。举报的便利性，降低了举报的时间成本和交易成本，公众可以在发现线索的同时随时随地举报。最后，从信息获取看，公众是距离食品安全风险最近的主体，具有获取食品安全信息的优势，可以有效地弥补监管部门监管力量的不足。

4. 举报结果的威慑性

惩罚的严厉程度和被发现查处的概率是威慑食品安全违法违规行为的两个关键变量。从人的心理认知看，被发现查处的概率的威慑力要远大于惩罚的严厉程度。根据概率论上的“小概率不可能”定理，概率很小的事件实际上是不可能发生的。因此，当被发现查处的概率较低时，违法违规者在潜意识中就会认为严厉的惩罚不可能会降临到自己身上。因此，较小的概率会化解严厉的惩罚所带来的震慑力量。投诉举报可以大大增强监管部门获取信息的能力，有效提高发现查处食品安全违法违规行为的概率，不但可以使监管部门及时发现食品安全风险，而且对于尚未发生的潜在食品安全违法违规行为具有巨大的威慑力。

（二）我国投诉举报的现实状况

1. 我国投诉举报的制度建设

2009 年，我国颁布的《食品安全法》以及《食品安全法实施条例》的相关条文已经体现了公众参与的理念并模糊地提出了举报问题；但没有明确公众举报以及有奖举报的制度安排，也没有提出相关的建设要求。随着食品安全形势发展，以及公众对食品安全问题的关注度提高，自 2011 年起我国开始试行食品药品投诉举报制度。然而，此时的举报制度建设主要局限于地方政府层面。各个地方政府开始尝试有奖举报制度建设，相关文件都是以政府办公厅的名义出台的，尚没有上升到地方立法的层次，限制了有奖举报制度的效力。

2013 年，国家食品药品监督管理局和财政部联合印发了《食品药品违法行为举报奖励办法》。该办法对举报者的奖励金额作出了明确规定，即奖励金额范围为 100 元至 30 万元，最高不得超过 30 万元。这是第一部超越地方政府上升到全国层面的关于公众举报的法规。2015 年 10 月 1 日正式实施的新修订的《食品安全法》第 115 条明确提出了食品药品监管和质量监督部门应该在法定期限内答复、核实、处理公众的投诉和举报，并对查证属实的举报给予举报人奖励。而且，新修订的《食品安全法》还规定有关部门应该对举报人的信息保密，且内部人举报时，企业不得解除、变更劳动合同或者对举报人进行打击报复。新修订的《食品安全法》的颁布实施标志着食品安全投诉举报制度正式上升为国家立法层面的基本制度。

为配合新修订的《食品安全法》的要求，2016 年 1 月，我国又正式公布《食品药品投诉举报管理办法》。2017 年，国家食品药品监督管理总局会同财政部印发新修订的《食品药品违法行为举报奖励办法》。相比之前的奖励办法，新修订的奖励办法有两个特色：一是将举报奖励的最高限额由原来的 30 万元提高到 50 万元；二是明确规定对 4 类具有重大社会影响、举报人有特别重大贡献的举报，奖励金额不少于 30 万元。

此外，各级地方政府也纷纷配套出台了面向行政辖区内的食品安全举报奖励实施办法等文件，并予以落实。例如，《贵州省食品安全有奖举报暂行办法》规定公众可以以电话、信件、传真、电子邮件等形式进行举报。监管部门将根据所举报的食品安全违法行为的社会影响、危害程度和案件货值金额等，对每起案件给予举报奖励。总体上看，时至今日，在立法层面上，我国已经正式建立起完善、系统的食品安全投诉举报制度。

投诉举报在打击食品安全犯罪上的效果非常显著。近年来，全国食品药品稽查大案要案中，有 60%左右的线索都来源于投诉举报。2013 年到 2016 年，湖北省全省食品安全投诉举报量由 3104 件激增至 42813 件，增加了 12.8 倍之多。除了投诉举报数量大增外，质量也非常可观，举报查实率维持在高位，如 2016 年 1~6 月，上海市“12331”热线举报的查实率为 64.0%。投诉举报给监管部门提供了大量线索，为食品安全治理发挥了重要作用。2015 年，在山东省枣庄市的 3719 件食品药品投诉举报中，与食品安全相关的投诉举报就达到了 2521 件，根据投诉举报线索查办的案件占所有食品安全相关案件的 70%。

2. 我国食品安全投诉举报实施情况

（1）举报认知度提高但仍不容乐观。作为举报的重要特征，公众提供线索的主动性受到认知的约束和影响。在食品安全地方政府负总责的制度安排下，地方政府已经逐渐认识到公众举报对保障地区内食品安全，防范食品安全事故的重要性。在完善相关配套制度的同时，各级地方政府积极通过新闻媒体、海报、宣传页等方式宣传“12331”等热线投诉举报电话，提高了公众对举报的认知度。当前，部分公众认可举报对食品安全治理的作用。碰到食品安全问题，相当一部分公众不再忍气吞声或默不作声，而是勇于积极举报。但是从总体上看，公众对投诉举报的认知度仍不高，不能满足食品安全监管的现实要求，仍然有相当一部分公众不了解举报制度。2014 年《新闻晨报》报道，零点指标数据网的调查显示，仅一成公众知晓全国食品药品监督管理部门的投诉举报电话是“12331”。这凸显了提高公众对举报的认知度仍任重道远。

（2）奖励制度基本形成。在全国范围内，绝大多数地方政府都制定了详细、具有可操作性的有奖举报制度（应飞虎，2013）。为配合有奖举报制度的实施，各地方政府设立了总额从百万元到千万元不等的食品安全专项举报奖金，为激励公众举报奠定了坚实的物质基础。例如，广州为畅通投诉举报渠道，设立举报奖励专项资金，把食品安全经费纳入财政预算，并要求监管部门迅速妥善处理公众的投诉举报。贵州省每年拿出 300 万元财政资金用于奖励食品安全举报。虽然投诉举报的目的并不都是获得举报奖励，更多的可能是为自己和他人的健康着想，但是适当的物质奖励体现了政府对食品安全工作的重视，反映了政府迫切希望公众也参与到监管工作中，共同治理食品安全风险的决心和信心。

（3）基本构建了统一的举报渠道。2011 年 12 月，国家食品药品监督管理局颁发的《食品药品投诉举报管理办法（试行）》要求各地开通全国统一的食品药品投诉举报电话，即“12331”。“12331”的开通是国家层面力主推行的，因此地方政府都围绕“12331”整齐划一地建立起相对完善的举报制度。在新媒体时代，网络、微博等监督方式具有独特的优势（刘立刚、张岩，2014）。虽然相关文件也提到鼓励地方政府积极发挥网站、短信、微信等举报渠道的优势，但是这仅仅是一种态度，没有明确的实施办法。由于认识不同且态度各异，各级地方政府对新的举报渠道的建设参差不齐。这也导致电话举报成为主要的举报渠道。部分学者的调查研究也证明了这一点。如尹世久等（2017）通过对 1036 名受访者的调查发现，拨打过“12331”或其他电话举报食品安全问题的受访者比例高达22.29%。其他渠道的比重分别为：网络5.24%，信件1.24%，走访0.15%。电话成为当前公众最偏爱的举报方式的背后凸显出政府在利用新媒体拓展举报方式上仍需要努力。

（三）研究假说与模型构建

1. 研究假说

根据已有文献和投诉举报的特征，本部分主要从个体特征、风险状况、举报认知、制度建设和过去经历五个方面提出影响消费者投诉举报意愿的研究假设。

（1）个体特征。朱美艳等（2006）研究发现，向商家进行投诉举报要求消费者进行食品安全信息的搜寻，以及对投诉举报程序进行了解，受过良好教育的人更加擅长于此。同样，向监管部门举报也要求消费者有能力搜寻食品安全信息，并深入了解投诉举报程序。

假设1：文化程度越高的人，举报的意愿越强。

食品安全事关每个人的生命健康安全。提供线索给监管部门，打击违法违规行为并销毁问题食品是消费者保护自身权益的必然选择。关注食品安全，监督食品安全，人人有责。这也就意味着越是关注食品安全的人，越是愿意保护自己免受食品安全风险的侵害，同时也更愿意维护良好的食品安全环境。

假设2：越关注食品安全的人，举报的意愿越强。

（2）风险状况。根据破窗理论，环境中的不良现象如果被放任存在，会诱使人们效仿甚至变本加厉。同理，较差的食品安全状况会使人们产生既然食品安全形势已经恶化了，即使自己举报也起不了关键作用的念头，因而会自暴自弃地放任不良的食品安全形势继续发展下去。因此，投诉举报的意愿不高。当食品安全形势好转时，为维护良好的食品安全形势，人们的举报意愿会更强。与此同时，相信未来食品安全状况会变好的人，更愿意积极参与，共同改善食品安全状况。

假设3：认为当前食品安全状况越好时，举报的意愿越强。

假设4：认为近年食品安全状况变好时，举报的意愿更强。

假设5：对未来食品安全状况变好的信心较强时，举报的意愿更强。

（3）举报认知。前已述及，尹世久等（2017）通过对1036名受访者的调查发现，电话是主要的举报渠道。一方面，知道举报电话说明行为人潜意识中对投诉举报比较关注。相对于不知道举报电话的人，知道举报电话的人的举报意愿更强。另一方面，知道举报电话表明地方政府对举报的宣传比较到位。这也会影响消费者的举报意愿。

假设6：知道举报电话的人，举报的意愿更强。

消费者没有处罚企业的权力。因此，在被侵权时，消费者只能通过向政府举报或提起诉讼，通过政府对企业进行惩处或罚款。周早弘（2009）认为，如果政府对消费者的投诉举报比较重视，且投诉举报在提高食品安全性上的作用比较明显，那么消费者更倾向于进行举报。

假设7：认为举报的重要性越高，举报的意愿越强。

（4）制度建设。公众除了要承担投诉举报的风险成本外，还要承担实际成本。但举报查实后，间接的获益者很多。因此，举报可以看作举报人提供公共物品的行为（Manshaei et al.，2013）。如果没有适当的激励机制，公众会陷入集体行动的困境（王忠，2016）。

假设8：奖励力度越大时，举报的意愿越强。

公众决定是否投诉举报的重要影响因素是成本（Richins，1983）。在投诉举报中，举报人要承担电话费、打字复印费以及误工费等。对举报者而言，这些成本是刚性的。无论举报成功与否，这些成本都必须由举报者承担。举报渠道的畅通程度影响举报的时间成本和交易成本，在很大程度上决定举报成本的大小。

假设9：举报渠道越畅通，举报的意愿越强。

就食品安全投诉举报而言，举报的潜在成本主要是因举报信息泄露而被报复的风险。以内部举报为例，在信息泄露后举报人要承担的后果包括同事的疏远和朋友的报复等（Dyck et al.，2010）。

假设10：保密措施越完善，举报的意愿越强。

（5）过去经历。根据决策惯性行为理论，决策者改变行为习惯是有固定成本的，且成本随时间变化而变化。因此，对于决策者而言，维持现状以等待低成本的改变时机是理性选择。这就意味着如果决策者在过去改变行为习惯实施了新的行为后，再实施该行为的成本就比较低，行为意向就会更加强烈。因此，过去的行为正向影响行为意愿（Maurer et al.，2003）。

假设 11：曾经有过举报经历的人，举报的意愿更强。

2. 模型构建

举报者要承担风险成本和实际成本等。与此同时，举报者可以获得相应的奖励，还可以通过行使公民权获得满足感。因此，举报可以为消费者带来一定的效用。同样，举报者也可以通过不举报或维持现状获得一定的效用。假设第 i 个消费者进行举报所获得的效用为 $U_i^1=B^1X+\varepsilon_i^1$，不举报的效用为 $U_i^0=B^0X+\varepsilon_i^0$。其中，$U_i^1$ 和 U_i^0 分别为第 i 个消费者举报和不举报的效用，X 为影响举报效用的因素向量，B^1 和 B^0 分别为举报和不举报的影响因素的系数向量，ε_i^1 和 ε_i^0 分别为举报和不举报的误差项。

相比不举报，举报的净效用为 $U_i^1-U_i^0=(B^1-B^0)X+(\varepsilon_i^1-\varepsilon_i^0)$。令 $\Delta U_i=U_i^1-U_i^0$，$B=B^1-B^0$，$\mu_i^*=\varepsilon_i^1-\varepsilon_i^0$。可得：

$$y_i^*=E\Delta U_i=BX+\mu_i^*$$

根据古典决策理论，人是理性的决策实体，个体在决策时依据期望效用最大化原则进行选择。当 $y_i^*=\Delta U_i>0$ 时，举报可以增加效用，因此消费者会举报；当 $y_i^*=\Delta U_i\leqslant 0$ 时，维持现状可以增加效用，因此消费者不会举报。

根据 Logistic 模型的基本思想，当一个行为是由许多因素共同作用的结果时，如果可以获悉所有的因素及因素间作用的机制，那么就可以在特定的条件下，准确地预测行为是否会再次发生。但是，遗憾而又合乎常理的是由于无法观测到所有的因素，所以只能根据有限的若干个因素来预测行为出现的概率。那么，在因素 X 的影响下，第 i 个消费者进行举报的概率可以表达为：

$$P(y_i=1)=P(y_i^*>0)=P(\mu_i^*>-BX)$$

其中，$y_i=1$，表示第 i 个消费者投诉举报；$y_i=0$，表示第 i 个消费者不会投诉举报。假设每一个随机误差项服从独立同极值分布，而随机误差项差值服从 Logistic 分布，那么可以获得消费者投诉举报的概率为：

$$p=P(y_i=1)=\frac{e^{BX}}{1+e^{BX}}$$

由此可得：

$$\mathrm{Logit}(p)=\log\left(\frac{p}{1-p}\right)=\beta_0+\beta_1X_1+\beta_2X_2+\cdots+\beta_{n-1}X_{n-1}+\beta_nX_n$$

其中，β_i 为待估参数，X_i 为举报的主要影响因素。参数的估计采用极大似然法。

根据研究假说，本部分把影响投诉举报的因素设置为 11 个变量：文化程度（X_1）、是否关注食品安全（X_2）、当前食品安全状况（X_3）、近年食品安全状况变化（X_4）、对未来食品安全的信心（X_5）、是否知道举报电话（X_6）、举报的重要性（X_7）、奖励力度（X_8）、举报的便利性（X_9）、保密措施（X_{10}）、是否举报过（X_{11}）。变量设置与描述性统计见表 7-3。

表 7-3　变量设置与描述性统计

变量名称	变量定义	均值	标准差
解释变量			
文化程度（X_1）	初中及以下=0；高中或中专=1；大专=2；本科=3；研究生=4	2.1907	1.0976
是否关注食品安全（X_2）	完全不关注=0；不太关注=1；一般=2；比较关注=3；非常关注=4	3.1454	0.8686
当前食品安全状况（X_3）	非常不安全=0；不太安全=1；一般=2；比较安全=3；非常安全=4	2.0024	1.0636
近年食品安全状况变化（X_4）	变差很多=0；有所变差=1；没变化=2；有所好转=3；大有改观=4	2.4064	1.0262
对未来食品安全的信心（X_5）	很没信心=0；没有信心=1；一般=2；比较有信心=3；非常有信心=4	2.4601	0.9943
是否知道举报电话（X_6）	不知道=0；知道=1	0.1907	0.3931
举报的重要性（X_7）	基本无用=0；用处不大=1；一般=2；比较重要=3；非常重要=4	2.6615	1.1498
奖励力度（X_8）	非常小=0；比较小=1；一般=2；比较大=3；非常大=4	1.7557	1.0686

续表

变量名称	变量定义	均值	标准差
举报的便利性（X_9）	很不方便=0；不方便=1；一般=2；比较方便=3；非常方便=4	2.2789	1.1647
保密措施（X_{10}）	非常不好=0；不好=1；一般=2；比较好=3；非常好=4	2.3230	1.0778
是否举报过（X_{11}）	否=0；是=1	0.1561	0.3632
被解释变量			
是否会举报	会=1；否=0	0.1669	0.3731

（四）数据来源与描述统计

本次调查以城市地区的消费者为对象，覆盖山东省17个地市，共发放问卷891份，最终回收有效问卷839份，有效率为94.16%。调查问卷共设置33个问题，安排高校学生在城市地区的大中型超市随机访谈，并直接填写问卷。

调查结果的描述性统计见表7-4，受访者具有如下基本特征。①性别。男女比例均衡。山东省2016年男女比例分别为50.90%和49.10%。在839个受访者中，男女比例分别为44.58%和55.42%，比例适中。②年龄。26~45岁年龄段的受访者比例最高，为54.35%。18~25岁年龄段的受访者比例为20.74%。46~60岁年龄段的受访者比例为21.69%。受访者年龄在61岁及以上的比例较低，为3.22%。总体来说，96.78%的受访者的年龄在60岁及以下。③家庭人口。家庭人数为3人的比例最高，占比为52.09%。这与山东省城镇平均每户家庭2.86人的统计数据是吻合的（2015年）。其次为家庭人数为4人的，占比23.84%；5人及以上的比例为12.87%；1人和2人的比例仅分别为1.67%和9.54%。④受教育程度。受访者学历层次整体较高。受访者学历为大学本科的比例为42.07%，占比最高。学历为高中或中专以及大专的比例分别为19.43%和22.88%。此外，学历为初中及以下的比例为8.70%。学历为研究生的比例为6.91%。⑤家庭年收入。家庭年收入为50001~100000元的所占比例最高，为41.84%。根据山东省城镇居民人均可支配收入31545元和每户家庭2.86人的统计数据可得家庭年收入为90219元。调查数据和山东省的统计数据也基本是吻合的。此外，30001～50000元的占比居于第二，为24.79%；其他的由高到低依次为100001～200000元，30000元及以下、200001元及以上，所占比例分别为18.36%、10.85%、4.17%。

表7-4 受访者基本特征

特征描述	具体特征	频数（人）	有效比例（%）
性别	男	374	44.58
	女	465	55.42
年龄	18～25岁	174	20.74
	26～45岁	456	54.35
	46～60岁	182	21.69
	61岁及以上	27	3.22
家庭人口	1人	14	1.67
	2人	80	9.54
	3人	437	52.09
	4人	200	23.84
	5人及以上	108	12.87
受教育程度	初中及以下	73	8.70
	高中或中专	163	19.43
	大专	192	22.88
	大学本科	353	42.07
	研究生	58	6.91
家庭年收入	30000元及以下	91	10.85
	30001～50000元	208	24.79
	50001～100000元	351	41.84
	100001～200000元	154	18.36
	200001元及以上	35	4.17

消费者对投诉举报的认知情况见表7-5，从表中可以看出以下几点。

（1）消费者对投诉举报制度的了解程度偏低。非常了解投诉举报制度的受访者比例非常低，仅为3.93%。比较了解的受访者比例也不高，尚未达到四分之一，仅为21.45%。然而，不太了解和认为一般的受访者的比例则都高达30.75%。甚至还有13.11%的受访者根本就没有听说过投诉举报。因此，总体来看，我国消费者对食品安全投诉举报制度的了解程度偏低。

表7-5 消费者对投诉举报的认知情况

特征描述	具体特征	频数（人）	有效比例（%）
对投诉举报的了解程度	非常了解	33	3.93
	比较了解	180	21.45
	一般	258	30.75
	不太了解	258	30.75
	完全没听说过	110	13.11
投诉举报的作用	非常重要	211	25.15
	比较重要	339	40.41
	一般	126	15.02
	用处不大	120	14.30
	基本无用	43	5.13
是否知道食品安全举报电话	不知道	334	39.81
	听说过，没记住	345	41.12
	知道	160	19.07

（2）消费者比较认可投诉举报的作用。在839名受访者中，认为投诉举报在食品安全监管中的作用非常重要和比较重要的人所占比例分别为25.15%和40.41%，两者之和超过65%。仅有5.13%的人认为投诉举报基本无用。此外，对投诉举报的作用持怀疑态度，认为投诉举报的用处一般和用处不大的受访者的比例分别为15.02%和14.30%。这表明，约三分之二的人都认可投诉举报在食品安全监管中的作用，只有三分之一左右的受访者对投诉举报的作用持怀疑态度。

（3）是否知道举报电话。在839名受访者中，只有19.07%的受访者知道举报电话。有41.12%的人听说过，但没有记住。39.81%的受访者不知道举报电话。总体来看，记住食品安全举报电话的人的比例偏低。

（五）实证结果与分析讨论

1. 模型检验

下文运用SPSS 19.0软件对样本数据进行Logistic回归计算，从两个方面对模型结果进行检验。①Hosmer-Lemeshow拟合度。Hosmer-Lemeshow拟合度能够较好地检验模型的拟合程度。H-L检验表显示，卡方等于8.227，p（Sig.）=0.412>0.05，因此可以认为该模型能很好地拟合数据。②预测准确率。Cox & Snell R^2 和 Nagelkerke R^2 的值分别为0.151和0.254。但是，在二元Logistic模型下，相比Cox & Snell R^2 和 Nagelkerke R^2 检验，预测准确率检验更可靠。结果显示，模型的预测准确率是85.7%。由此可见，该模型对于举报意愿的预测效果较好。

2. 结果讨论

模型估计结果（见表7-6）表明，近年食品安全状况变化、是否关注食品安全、奖励力度、保密措施、是否举报过、文化程度6个影响因素显著。

（1）近年食品安全状况变化。模型估计结果显示，近年食品安全状况变化变量的估计系数是0.225，在5%水平下显著，表明当消费者感知到食品安全状况趋于好转时，举报的意愿也会增强。这与假设是一致的。这也表明政府加大监管力度，提高食品安全水平的努力具有诱导效应，可以有效地鼓励消费者站出来为政府提供线索，共同治理食品安全风险。但是，当前食品安全状况和对未来食品安全的信心两个变量并不显著。可能的原因是，当前我国的食品安全形势是“总体稳定且趋势向好”的，消费者普遍对当前食品安全状况比较满意，对未来食品安全充满信心。这就容易使消费者认为即使不举报，依靠政府的监管也可以控制风险，因此举报的意愿不强。

表7-6　参数估计结果

变量	系数	S. E.	Wald值	p值
文化程度（X_1）	-0.184*	0.095	3.751	0.053
是否关注食品安全（X_2）	0.650***	0.152	18.212	0.000

续表

变量	系数	S. E.	Wald 值	p 值
当前食品安全状况（X_3）	0.139	0.129	1.171	0.279
近年食品安全状况变化（X_4）	0.225**	0.137	2.710	0.046
对未来食品安全的信心（X_5）	-0.088	0.146	0.360	0.549
是否知道举报电话（X_6）	0.191	0.259	0.545	0.460
举报的重要性（X_7）	0.085	0.111	0.585	0.444
奖励力度（X_8）	0.184*	0.107	2.941	0.086
举报的便利性（X_9）	0.080	0.106	0.560	0.454
保密措施（X_{10}）	0.302***	0.113	7.151	0.007
是否举报过（X_{11}）	1.695***	0.257	43.529	0.000
常量	-5.964***	0.659	81.913	0.000

注意：* 指在 10%的水平下显著；** 指在 5%的水平下显著；*** 指在 1%的水平下显著。

（2）是否关注食品安全。模型估计结果显示，是否关注食品安全变量的估计系数是 0.650，在 1%水平下显著。这表明关注食品安全的消费者，举报的意愿比较强。这与假设是一致的。对食品安全的关注程度在很大程度上反映出消费者希望食品安全形势能够尽快好转。在特定的情景下，这种期望会转换成直接参与的动力。因此，关注食品安全的人，通过举报的形式参与食品安全治理的意愿更强。相反，不关注食品安全，对食品安全风险茫然无知的人，举报的意愿就较弱。

（3）奖励力度。模型估计结果显示，奖励力度变量的估计系数是 0.184，在 10%水平下显著。这表明奖励力度越大，举报的意愿越强。这与假设和王忠（2016）的研究结论是一致的。作为举报制度的重要内容，奖金可以发挥杠杆作用，提高消费者参与食品安全监管的积极性，同时也是对消费者的一种回报。

（4）保密措施。模型估计结果显示，保密措施变量的估计系数是 0.302，在 1%水平下显著。这表明认为保密措施越完善的消费者，举报的意愿越强。这与假设和 Dyck 等（2010）的研究结论是一致的。我国现有的法律法规对保密措施的规定大多为“办案人员要对举报内容、举报人的情况进行保密”，除此之外并没有具体的保密程序和处理后果。法律法规对保密措施的规定缺失是保密制度不健全的重要原因，同时也是举报人担忧信息泄露而不愿意举报的重要原因。

（5）是否举报过。模型估计结果显示，是否举报过变量的估计系数是1.695，在1%水平下显著。这表明曾经有过举报经历的消费者，举报的意愿比较强。这与假设和Maurer等（2003）的研究结论是一致的。但值得注意的是，消费者的举报如果得不到合适和及时的处理，消费者会丧失举报信心，曾经举报过的消费者就不愿意再次举报。实证发现，曾经有过举报经历的消费者，举报的意愿比较强恰恰从侧面验证了投诉举报大多能够得到较好的处理。

（6）文化程度。模型估计结果显示，文化程度变量的估计系数是-0.184，在10%水平下显著。这表明文化程度越低的消费者，举报的意愿越强。这与假设和朱美艳等（2006）的研究结论是矛盾的。可能的原因是，消费者向商家投诉举报的风险较小，而向监管部门举报被报复的风险比较大。文化程度较高的人大多数有较为稳定的工作和收入，习惯于享受安稳的生活，不愿意多生事端。因此，即使买到假冒伪劣食品或者过期食品也大多选择自认倒霉，不了了之，或者私下协商解决，而不会向监管部门举报。相反，文化程度较低的人更愿意承担举报风险并获得举报收益。这可能与文化程度较高的人更愿意成为稳定工作接受者，而文化程度较低的人的创业意愿较强的原因是相同的。

六　食品企业自律的影响因素：有序多分类 Logistic 实证研究

安全食品是生产出来的。在社会共治中，食品工业企业应该承担更多的食品安全责任。2015年修订实施的《食品安全法》中明确提出，食品生产经营企业应当建立健全食品安全管理制度。那么，值得关注的问题是，现实中食品企业自律的现状如何？哪些因素会影响到食品企业的自律行为？

（一）研究对象：食品添加剂

食品添加剂是为了改善食品的品质，以及为了防腐或工艺的需要而加入的合成或天然物质。与很多新技术一样，在食品加工中添加食品添加剂是一把“双刃剑”。一方面，食品添加剂是现代食品工业的灵魂。2016年，我国食品工业主营业务收入占全国工业主营业务收入的9.6%，对全国工业增长的贡献率为10.7%（王黎明，2015）。食品工业已成为国民经济的重要产业。在食品工业的发展中，食品添加剂的作用显著。另一方面，与食品添加剂相关的风险令人担忧。张红霞、安玉发（2013）对2010~2012年的628起涉及食品工业企业的食品安全事件进行研究发现，食品添加剂含量超标是重要的食品安全风险来源。同时，李锐等（2017）的研究表明，2007~2016年国内主流网络所报道的已发生的食品安全事件中，违规使用食品添加剂导致的食品安全事件数量较多，占到事件总数的33.90%。

食用超过限量的人工合成的食品添加剂可能导致中枢神经系统、消化系统、呼吸系统等出现不良反应，甚至会引发癌症等恶性疾病。由于对健康的威胁，消费者日益关注和担忧与食品添加剂相关的安全风险。在韩国，Shim等（2011）对首尔430个消费者进行问卷调查发现，受访者非常关注和担忧防腐剂、着色剂和人工甜味剂带来的安全风险。国内的Xu等（2013）对江苏苏州、南通和淮安的消费者进行调查发现，63.6%的消费者在购买食品时都会考虑与食品添加剂相关的风险。综合上述考虑，下文选择食品添加剂的使用行为为研究对象。

食品添加剂的规范使用有助于降低相关的掺假和造假风险。随着公民参与意识与能力的增强，食品安全治理应该从政府唱主角的单纯政府监管走向政府、社会和企业多元合作治理的社会共治模式（尹世久等，2017）。因此，在食品添加剂的掺假和造假风险依然严峻的现实背景下，将社会治理纳入分析框架中，探讨和研究影响食品企业食品添加剂使用行为的主要因素具有重要的理论和现实意义。

（二）文献回顾与简要评述

食品添加剂的使用行为是否规范反映了企业是否实施了降低食品添加剂使用风险的控制措施。同时，食品添加剂使用行为的规范程度反映了企业在食品安全控制上的努力程度。因此，从本质上看，食品添加剂的规范使用属于食品安全控制（Food Safety Control）的范畴。国内外学者对食品安全控制的绩效、成本与收益，以及影响食品安全控制的主要因素展开了大量研究。

国内外学者普遍认为，相比于政府规制，食品安全控制在降低食品安全风险上的作用更大。政府规制是指政府制定和实施食品安全标准，通过明确食品生产的具体方式和安全标准等降低食品安全风险（Rouvière & Caswell, 2012）。食品安全控制是指企业提升自有标准和改进质量控制方式（Martinez et al.，2007），在生产环节降低安全风险。Fraina 和 Reardon（2000）和 Hammoudi 等（2009）早已认识到，食品企业的自有标准和质量控制比政府规制更有效。实证研究也证明了这一点。Ollinger 和 Moore（2008）的实证研究发现，在政府规制和食品安全控制都增加相同的数量时，两者对肉类和家禽业的食品安全绩效的贡献分别为20%和80%。因此，为确保食品安全，食品企业应该实施从原材料到产成品的全生产链的食品安全控制。

食品企业实施食品安全控制的动机是应对市场的压力和政府的处罚等，以及享受税收减免或财政补贴等优惠政策（Segerson，1999），或者提高内部效率、缓解商业压力、满足外部要求和实施良好实践（Henson & Holt，2010）。除了是否有动机外，食品企业是否实施食品安全控制还取决于其对成本与收益的感知和比较。Segerson（1999）和 Caswell（1998）基于成本收益分析方法分别研究了企业实施食品安全控制的条件和效率。Jiang 和 Batt（2016）利用成本收益分析方法研究了企业实施食品安全控制的影响因素。但在实际研究中，由于缺少相关的财务数据以及交易成本测算的难度太高，成本收益分析的可行性并不高。因此，部分学者还利用效用函数模型实证研究关于食品安全控制的企业决策行为（Zhou 和 Jin，2011）。

国内外学者还对影响食品企业实施食品安全控制的主要因素展开了大量研究。Karaman 等（2012）研究发现，管理者的认知水平、受教育水平和专业程度等显著影响食品企业对食品安全操作规范的采用强度。Herath 等（2007）研究发现，企业规模等显著影响食品企业采用食品安全控制的行为。但是，由于研究目的和研究区域的差异，国内外学者对食品安全控制的研究主要关注危害分析的临界控制点（HACCP），以及由 HACCP 衍生出的良好卫生规范（GHPs）和良好生产规范（GMP）等。基于食品企业，以食品添加剂使用行为为研究对象的文献很少。比较典型的是，吴林海等（2012）利用模糊集理论和决策实验方法研究发现，影响食品添加剂使用行为的主要因素是监管力度、预期经济收益、销售规模、供应一体化水平、消费者偏好和管理者对社会责任的认知。Wu 等（2013）的实证研究发现，影响食品添加剂使用行为的主要因素是预期的经济收益、管理者对社会责任的认知、企业销售规模、政府监管和消费者需求偏好。张明华等（2017）的实证研究发现，影响食品添加剂使用行为的主要因素是执行标准、发现概率、采购渠道、销售渠道和管理者年龄。

目前的研究成果具有重要的借鉴意义，但也存在明显的不足，主要表现在如下三个方面。一是国内外学者以 HACCP 等为对象的研究多，以食品添加剂的使用行为为对象的研究少，尤其是实证研究更少。因企业、行业和国家的发展阶段不同，影响食品安全控制的因素也存在差异(Vladimirov，2011)。同样，针对不同控制措施，影响因素也必然存在差异。因此，以 HACCP 等为对象的研究成果是否适用于食品添加剂的使用行为有待进一步研究和检验。二是现有实证研究以二元 Logistic 模型为主，简单地认为企业要么实施、要么不实施食品安全控制，忽视了不同企业在实施上的程度差异。面对程度差异的问题，采用二元 Logistic 模型所得到的结论对现实的指导意义是值得质疑的。三是现有的研究主要考虑政府层面的因素，忽视了行业协会和媒体等社会主体的作用，与国内构建社会共治体系的现实情况脱节。

（三）模型构建与变量设置

1. 有序多分类 Logistic 回归模型

假定食品添加剂的规范使用行为总共为 t 个，第 i 家企业实施了其中的 Y_i（$Y_i \leqslant t$）个。根据经济学理论，食品企业实施第 Y_i 个规范行为的边际收益等于边际成本，净收益是边际收益和边际成本之差的和。假设第 i 家企业食品添加剂使用行为的净收益 R_i 为主观收益，受到各种因素的影响，可得：

$$R_i = \sum_{k=1}^{Y_i} (MR_{ik} - MC_{ik}) = \beta X_i + \varepsilon_i, E(\varepsilon_i) = 0, \varepsilon_i \in (0, \sigma^2)$$

其中，X_i 为影响第 i 家企业主观收益判断的影响因素向量，β 为待估计参数向量，ε_i 为未包含在方程中或测量不准确的因素，MR_{ik} 和 MC_{ik} 分别为第 i 家企业的第 k 个行为的边际收益和边际成本。从理论上以及上述表达式中可知，行为数量 Y_i 越大，则净收益 R_i 越大。由于净收益 R_i 是主观收益，是难以观测的，因此将行为数量 Y_i 作为显示变量，取值为［1，n］。令 μ_i 为净收益变化的临界点，临界点 μ_i 将 R_i 划分为 n 个互不重叠的区间，且满足 $\mu_1 < \mu_2 < \cdots < \mu_n$。因此，可以构建如下分类框架：

$$\begin{cases} Y_i = 1, & R_i \leqslant \mu_1 \\ Y_i = 2, & \mu_1 < R_i \leqslant \mu_2 \\ \cdots\cdots \\ Y_i = n, & \mu_n < R_i \end{cases}$$

由于不要求变量满足正态分布或等方差性，有序多分类 Logistic 模型适用于研究多分类因变量与影响因素之间的关系。因变量 Y_i 有多个分类取值，且分类间有次序关系，故应采用有序多分类 Logistic 回归模型进行分析。假设 ε_i 的分布函数为 $F(x)$，则可以得到被解释变量 Y_i 取各个选择值的概率：

$$\begin{cases} P(Y_i = 1 \mid X_i) = P(\beta X_i + \varepsilon_i \leqslant \mu_1 \mid X_i) = F(\mu_1 - \beta X_i) \\ P(Y_i = 2 \mid X_i) = P(\mu_1 < \beta X_i + \varepsilon_i \leqslant \mu_2 \mid X_i) = F(\mu_2 - \beta X_i) - F(\mu_1 - \beta X_i) \\ \cdots\cdots \\ P(Y_i = n \mid X_i) = P(\beta X_i + \varepsilon_i > \mu_{n-1} \mid X_i) = 1 - F(\mu_{n-1} - \beta X_i) \end{cases}$$

由于 ε_i 服从 Logistic 分布，可得累积函数的线性形式为：

$$\text{Logit}[P(Y \leqslant j)] = \beta_{0j} + \beta_{1j} X_1 + \beta_{2j} X_2 + \cdots + \beta_{pj} X_p$$

在累积 Logistic 模型中，不同累积函数的自变量 X_i 对应的回归系数是不同的。为简化模型，需要作出成比例发生比假设或平行线假设，即假定所有的累积函数都有相同的回归系数和不同的截距。满足成比例发生比假设或平行线假设条件的模型简化后可得：

$$\text{Logit}[P(Y \leqslant j)] = \beta_{0j} + \beta_1 X_1 + \beta_2 X_2 + \cdots + \beta_p X_p$$

2. 变量设置

被解释变量是食品添加剂的规范使用行为的数量，用来反映食品企业自律的程度。食品添加剂规范使用行为是从购买到生产、从员工培训到管理人员监督、从使用记录到不达标食品销毁等一系列规范化行为的集合。结合 Fouayzi 等（2006）基于成本视角对质量管理系统（Quality Management System）的分解和 2015 年修订实施的《食品安全法》对过程控制的要求可知，食品添加剂的规范使用行为主要包括采购、记录、培训、监督、处罚、检测和销毁。由于政府的严格监管，食品添加剂的质量都是有保障的，所以采购的风险控制并非重点。而且，根据法律规定，食品必须经检验合格后方可出厂销售，即检测是强制性的，不应视作企业的行为。因此，本部分重点研究记录、培训、监督、处罚和销毁行为。食品添加剂的规范使用行为数量越多，表明企业在食品添加剂使用上的控制措施越完善，企业遵守法律法规的程度越高。对食品企业的添加剂规范使用行为进行加总，行为数量为 0 时，赋值为 0；行为数量为 1 时，赋值为 1；依此类推。

解释变量是影响食品添加剂规范使用行为的主要因素。食品企业自律是受众多复杂因素共同影响的，因此每个研究只能分析其中的若干个重要因素（Celaya et al.，2007）。基于前人的研究成果，下文将主要影响因素归纳为 5 个板块的 13 个变量，见表 7-7。

表 7-7　主要影响因素

	变量	变量含义与赋值	均值	标准差
管理者特征	性别	男性=1；女性=0	0.83	0.37
	学历	小学=0；初中=1；高中=2；大专=3；本科=4；研究生=5	2.42	1.06
	年龄	实际值（岁）	36.87	9.07
企业特征	企业规模	微型：19 人及以下=0；小型：20~299 人=1；中型：300~999 人=2；大型：1000 人及以上=3	0.82	0.65
	是否出口	出口=1；不出口=0	0.07	0.25
	诚信管理体系	已建或在建=1；未建=0	0.63	0.48
政府监管	财政补贴	是=1；否=0	0.69	0.47
	处罚力度	严厉=1；不严厉=0	0.50	0.50
	抽检力度	严厉=1；不严厉=0	0.47	0.50
	柔性措施	是=1；否=0	0.87	0.34
社会治理	协会指导	经常=1；否=0	0.42	0.49
	自律公约	签字=1；否=0	0.78	0.42
	媒体曝光	概率大=1；否=0	0.37	0.49

（四）数据来源与样本分析

1. 调查设计

本研究选取了江西省 N 市为调研区域。N 市具有以酒类酿造、粮食及油脂加工、茶叶、养殖、屠宰及肉类加工、乳制品、调味品、方便食品、冷饮为主的门类齐全的食品产业体系。2014年，N市食品产业主营业务收入突破1000亿元，成为N市首个千亿产业。2015年，主营业务收入同比增长9.8%，达到1129.47亿元。无论从食品种类，还是从产业规模上看，N市的食品产业都具有较好的代表性。在确定调研区域的基础上，N市食品药品监督管理局负责联系食品工业企业，组织调查人员进入企业，进行一对一访谈，并由调查人员填写调查问卷。为防止受访者不配合导致调查资料失真，课题组人员通过谈话降低受访者的警惕性。

调查问卷采用封闭型题型，主要从受访者的基本特征、企业的基本特征、食品添加剂使用情况和食品添加剂使用行为等方面入手，共设计了48个问题。为确保问卷的质量，课题组在预先调查和取得经验的基础上修正并确定最终问卷。为防止受访者的理解偏差，在调查过程中，调查人员对相关名词和概念作出明确的解释和界定。本次调查共发放问卷218份，经甄别和筛查舍弃“问题问卷”24份，共获得有效问卷194份，有效率为88.99%。

2. 样本分析

（1）受访者与企业基本特征

如表7-8所示，在受访者中，男性和女性所占的比例分别为60.82%和39.18%。受访者主要集中在30~49岁的年龄段，占比达到70.1%。在受教育程度上，大专学历的受访者所占比例最高，为33.51%。高中和初中学历的受访者所占的比例分别为25.77%和22.16%。本科及以上学历的受访者所占的比例为17.01%。在管理层级上，高层、中层和基层的受访者所占的比例分别为39.69%、51.55%和7.73%。在收入水平上，月收入主要集中在“3001~6000元”和“12001~20000元”两个区间。两者合计的比例接近60%。

员工人数是衡量企业规模的重要变量（Galliano & Roux，2008）。在参考工信部《关于印发中小企业划型标准规定的通知》基础上，本研究把食品企业划分为微型、小型、中型和大型四类。如表7-8所示，在被调查企业中，大型企业和中型企业的样本比例分别为3.09%和4.64%。小型企业和微型企业的样本比例分别为63.92%和28.35%。两者合计92.27%。据不完全统计，我国中小食品企业占食品企业总数的90%以上。本研究的调查数据与上述统计基本吻合。在目标市场上，城市中小型超市和农贸市场、城市中大型超市和生鲜专卖店，以及农村市场的比例分别为70.10%、19.59%和26.80%。在食品类型上，饮料类、粮食和粮食制品、肉及肉制品和调味品的比例较高，分别为35.05%、21.65%、20.10%和15.46%。

表7-8 受访者与企业的基本特征

	类别	特征	频数（人）	比例（%）
受访者特征	性别	男	118	60.82
		女	76	39.18
	年龄	20~29岁	37	19.07
		30~39岁	81	41.75
		40~49岁	55	28.35
		50~59岁	19	9.79
		60岁及以上	2	1.03
	学历	小学及以下	3	1.55
		初中	43	22.16
		高中	50	25.77
		大专	65	33.51
		本科及以上	33	17.01
	管理层级	高层管理者	77	39.69
		中层管理者	100	51.55
		基层管理者	15	7.73
		普通职工	2	1.03
	月收入	3000元及以下	31	15.98
		3001~6000元	72	37.11
		6001~12000元	29	14.95
		12001~20000元	41	21.13
		20001元及以上	21	10.82
企业特征	企业规模	微型企业	55	28.35
		小型企业	124	63.92
		中型企业	9	4.64
		大型企业	6	3.09

续表

	类别	特征	频数（人）	比例（%）
企业特征	供应市场	城市中大型超市、生鲜专卖店	38	19.59
		城市中小型超市和农贸市场	136	70.10
		农村市场	52	26.80
	食品类型	粮食和粮食制品	42	21.65
		乳及乳制品	18	9.28
		调味品	30	15.46
		饮料类	68	35.05
		肉及肉制品	39	20.10
		水产品及其制品	4	2.06
		酒类	7	3.61
		其他	53	27.32

（2）食品添加剂使用情况

如表 7-9 所示，在被调查企业中，食品添加剂的类型主要是甜味剂、防腐剂、着色剂、漂白剂和香料，比例分别为 16.49%、16.49%、18.56%、18.56%和 29.90%。还有 79 家企业使用了其他类型的食品添加剂。企业使用食品添加剂的主要目的是改善口感，比例为 36.60%。这表明消费者的消费习惯和口感偏好是诱导企业使用食品添加剂的重要原因。食品具有易腐烂的特性，因此，延长保质期也是主要目的，比例为 35.57%。其他原因主要是提高营养和改善外观，比例分别为 20.10%和 17.53%。

表 7-9 食品添加剂使用情况

	类别	频数（人）	比例（%）
使用类型	甜味剂	32	16.49
	防腐剂	32	16.49
	着色剂	36	18.56
	漂白剂	36	18.56
	香料	58	29.90
	其他	79	40.72

续表

	类别	频数（人）	比例（%）
使用目的	改善外观	34	17.53
	提高营养	39	20.10
	改善口感	71	36.60
	延长保质期	69	35.57
	降低成本	17	8.76
	其他	54	27.84
购买时关心的因素	价格	10	5.15
	生产商的信誉	26	13.40
	成分	34	17.53
	是否达到安全标准	110	56.70
	其他	14	7.22

与消费者担忧食品添加剂使用风险一样，企业的管理者和普通员工同样也非常关注食品添加剂使用风险。调查显示，87.11%的受访者认为食品添加剂的使用已经成为食品安全的重大隐患之一。这种关注也体现在日常的生产经营中。例如，56.70%的受访者认为，在购买食品添加剂时，企业最关注食品添加剂本身是否达到规定的安全标准。仅有5.15%的受访者认为其所在的企业主要关注食品添加剂的价格。

（3）食品添加剂使用行为

调研结果显示（见表7-10），一方面几乎所有的企业都有若干规范行为。87.11%的食品企业记录生产过程中食品添加剂的使用情况。给员工提供相关培训和严厉处罚违规员工的企业分别为73.20%和62.88%。84.02%的企业管理人员定期不定期到生产一线检查食品添加剂的使用情况。67.01%的企业直接销毁食品添加剂不达标的食品。另一方面，不同企业在食品添加剂的使用行为上有明显的差异。36.60%的企业有五种规范行为，即企业有较完整的管控食品添加剂风险的制度。23.71%和24.23%的企业分别有四种和三种规范行为，即比较重视对食品添加剂风险的管控。此外，17.53%的企业只有一到两种规范行为，甚至还有3家企业没有一项规范行为。这反映出不同的企业在食品添加剂使用上有明显的程度差异。

表 7-10　食品添加剂使用行为

流程	针对食品添加剂使用行为的措施	频数（人）	比例（%）
记录	生产过程有食品添加剂使用记录	169	87.11
培训	企业给员工提供食品添加剂相关知识和相关标准的培训	142	73.20
监督	管理人员定期不定期到生产一线检查食品添加剂的使用情况	163	84.02
处罚	企业严厉处罚员工违规使用食品添加剂的行为	122	62.88
销毁	检测结果出现问题或达不到相关要求时直接销毁	130	67.01

（五）实证结果与分析讨论

1. 模型检验

下文运用 SPSS 19.0 分析软件对食品添加剂使用行为的影响因素模型进行估计。①平行线检验。结果显示，p（Sig.）= 0.834>0.05，通过检验，表明采用有序多分类 Logistic 模型是合适的。②模型拟合优度检验。拟合优度检验提供的皮尔逊卡方和偏差卡方两个检验结果不如似然比检验结果稳健。似然比检验结果显示，p（Sig.）<0.000，因此模型整体有意义。③拟合程度。伪决定系数 Nagelkerke R^2 和 Cox & Snell R^2 分别为 0.547 和 0.577，表明模型对原始变量变异的解释程度较高。检验结果见表 7-11。

2. 结果讨论

模型估计结果见表 7-11。结果显示，诚信管理体系、财政补贴、处罚力度、抽检力度、柔性措施、协会指导、自律公约和媒体曝光共 8 个自变量通过了显著性检验。分析表 7-11 的计量结果，可以得出如下结论。

表 7-11　模型估计结果

	变量	系数	S. E.	Wald 值	p 值
管理者特征	年龄	-0.012	0.016	0.512	0.474
	学历	0.099	0.149	0.439	0.508
	性别	-0.452	0.422	1.144	0.285

续表

	变量	系数	S. E.	Wald 值	p 值
企业特征	企业规模	0. 040	0. 254	0. 025	0. 873
	是否出口	−0. 948	0. 611	2. 413	0. 120
	诚信管理体系	0. 618 *	0. 325	3. 602	0. 058
行政监管	处罚力度	0. 720 *	0. 393	3. 354	0. 067
	财政补贴	0. 773 **	0. 352	4. 818	0. 028
	抽检力度	1. 663 ***	0. 383	18. 885	0. 000
	柔性措施	2. 191 ***	0. 505	18. 831	0. 000
社会治理	协会指导	1. 415 ***	0. 370	14. 595	0. 000
	自律公约	0. 654 *	0. 388	2. 834	0. 092
	媒体曝光	0. 895 **	0. 347	6. 654	0. 017
临界点	临界点 1 (μ_1)	−1. 422	1. 042	1. 862	0. 172
	临界点 2 (μ_2)	0. 285	0. 957	0. 089	0. 766
	临界点 3 (μ_3)	1. 847 *	0. 979	3. 557	0. 059
	临界点 4 (μ_4)	4. 056 ***	1. 023	15. 732	0. 000
	临界点 5 (μ_5)	5. 854 ***	1. 054	30. 826	0. 000
模型检验	Nagelkerke R^2	0. 547			
	Cox & Snell R^2	0. 577			
	χ^2 检验	153. 532 (p=0. 0000<0. 0001)			
	平行线检验	p=0. 834>0. 05			

注：* 指在 10%的水平下显著；** 指在 5%的水平下显著；*** 指在 1%的水平下显著。

(1) 财政补贴。模型估计结果显示，财政补贴变量的估计系数是0. 773，在 5%水平下显著。这表明如果政府实施财政补贴，食品添加剂的使用行为会更加规范，即企业的自律程度更高。这与 Wu (2012) 和 Tunalioglu 等 (2012) 的研究结论一致。食品安全控制要求食品企业增加生产过程中人力和物力资本的投资，以及改进工厂的生产技术 (Ollinger & Moore，2008)。这在短期内会增加额外的监督成本和培训成本等。然而，收益只有在未来才能实现且收益有不确定性。大部分管理者更关注企业的生存而不是创新以增强长期竞争力。因此，企业会更关注短期目标。由于财政支持可以降低短期成本，所以效果较显著。此外，调查样本以中小企业为主。中小企业在实施食品安全控制时往往面临资源和专业知识等压力。这也可能是财政补贴因素显著的原因。

（2）处罚力度。处罚力度变量的估计系数是0.720，在10%水平下显著。这表明如果政府的处罚严厉，食品添加剂的使用行为会更加规范，即企业的自律程度更高。这与Starbird（2000）的研究结论一致。政府处罚可以倒逼企业规范使用食品添加剂。但追逐经济增长的环境氛围可能会使地方政府弱化企业和管理者的违法责任，并降低规制的强度和处罚的力度。处罚力度偏小，威慑不够，不利于食品添加剂的规范使用，甚至在一定程度上会鼓励添加剂掺假和造假等违法违规行为。

（3）抽检力度。抽检力度变量的估计系数是1.663，在1%水平下显著。这表明如果政府抽检严厉时，食品添加剂的使用行为会更加规范，即企业的自律程度更高。食品检测是监管部门实施行政处罚的前提和基础。如果抽检力度不够，检测和惩罚就只能以很小的概率降临到极少数生产者身上。那么，即使处罚力度再大，威慑力也非常有限，达不到倒逼食品企业规范使用食品添加剂的目的。

（4）柔性措施。柔性措施变量的估计系数是2.191，在1%水平下显著。这表明如果政府实施忠告等柔性措施，食品添加剂的使用行为会更加规范，即企业的自律程度更高。这与Yapp和Fairman（2006）的研究结论一致。食品添加剂的规范使用往往会给管理层和基层员工增加额外的工作量，这必然会导致管理层和员工不愿意接受。强制性的抽检和惩罚逼迫企业妥协和服从，容易使管理层和基层员工产生逆反和排斥心理而达不到最优结果。但是，忠告等措施更加柔性化，更能获得管理层和基层员工的认可。因而，效果也更加显著。

（5）媒体曝光。媒体曝光变量的估计系数是0.895，在5%水平下显著。这表明媒体的曝光概率越大，食品添加剂的使用行为越规范，即企业的自律程度越高。这与谢康等（2017）的研究结论一致。消费者的信任是食品企业实施食品安全控制的显著影响因素（Fernando et al.，2014）。而媒体曝光可以极大地削弱消费者对食品企业及其产品的信任，因此，媒体对企业的监督可以影响企业的生产决策，促进企业进行安全生产，规范食品添加剂的使用行为。相反，媒体监督不力不仅可能导致食品添加剂的不规范使用，甚至还会导致食品添加剂的掺假和造假。

（6）协会指导和自律公约。协会指导变量的估计系数是1.415，在1%水平下显著。自律公约变量的估计系数是0.654，在10%水平下显著。这表明行业协会提供指导和培训，以及行业协会强化企业的自律意识时，食品添加剂的使用行为会更加规范，即企业的自律程度更高。国内外的经验也表明，行业协会可以使用自身的“自律监管”有效弥补政府的“他律监管”的不足。例如，欧洲零售商基于良好农业规范（GAP）确立了新鲜水果和蔬菜的通用生产标准，并委托独立的第三方机构负责监督和监测生产者遵守通用生产标准的情况。

（7）诚信管理体系。诚信体系变量的估计系数是0.618，在10%水平下显著。这表明按照《食品工业企业诚信管理体系》的要求或其他要求在建或已建诚信管理体系的企业，在食品添加剂的使用上更加规范，即企业的自律程度更高。这与Collins（1993）的观点一致，即诚信水平的提高是影响企业提升食品安全水平的重要因素。声誉机制的有效程度以社会信任为基础（雷宇，2016）。因此，诚信管理体系建设是食品企业构建声誉机制的关键，同时也是规范食品添加剂使用行为的重要基础。《食品工业企业诚信管理体系》的推广和实施可以有效提升食品添加剂规范使用的水平。

3. 边际效应

系数估计只能反映不同因素对食品添加剂使用行为的影响是否显著，却难以准确描述因素的影响程度。因此，本部分利用Newell和Anderson（2003）提出的计算公式，以及表7-11中计算得出的临界点和估计系数计算自变量对食品添加剂使用行为的边际效应。需要说明的是，针对边际效应的计算不适用于虚拟变量（Greene，2003），下文采用吴林海等（2012）的思路，在计算虚拟变量的边际效应时均假设其他变量为零。具体的计算公式是：

$$E[Y|x_{ik}=1]-E[Y|x_{ik}=0]=F(c_n+x_{ik})-F(c_n)$$

其中，c_n为临界点，$n=0$，1，2，3，4。计算结果见表7-12。分析表中变量的边际效应，可以得出以下结论。

表 7-12 显著自变量对食品添加剂规范使用行为的边际效应（其他条件不变）

	$Y_i=0$	$Y_i=1$	$Y_i=2$	$Y_i=3$	$Y_i=4$	$Y_i=5$
诚信管理体系	-0.1148	-0.1408	-0.0579	-0.0078	-0.0013	0.3226
财政补贴	-0.1489	-0.1715	-0.0684	-0.0091	-0.0015	0.3994
处罚力度	-0.1370	-0.1613	-0.0649	-0.0087	-0.0015	0.3734
抽检力度	-0.3656	-0.3045	-0.1072	-0.0138	-0.0023	0.7933
柔性措施	-0.4890	-0.3517	-0.1189	-0.0151	-0.0025	0.9772
协会指导	-0.3039	-0.2748	-0.0993	-0.0128	-0.0022	0.6930
自律公约	-0.1226	-0.1481	-0.0604	-0.0081	-0.0014	0.3406
媒体曝光	-0.1769	-0.1942	-0.0757	-0.0100	-0.0017	0.4584

（1）诚信管理体系、财政补贴、处罚力度、抽检力度、柔性措施、协会指导、自律公约和媒体曝光变量在 $Y_i=0$、$Y_i=1$、$Y_i=2$、$Y_i=3$、$Y_i=4$ 时，边际效应小于零；在 $Y_i=5$ 时，边际效应大于零。这表明在其他条件不变的情况下，食品企业已建或在建诚信管理体系、政府给予财政补贴、处罚严厉、抽检严厉、实施忠告等柔性措施、协会提供指导和培训、协会要求企业签署自律公约，以及媒体曝光概率大时，食品企业更倾向于实施全部五种行为，即企业的自律程度越高。

（2）实施忠告等柔性措施、抽检严厉，以及协会提供指导和培训时，食品企业实施全部五种行为的数量分别增加了 97.72%、79.33% 和 69.30%。这表明忠告等柔性措施、抽检力度，以及协会指导是影响食品添加剂规范使用行为最重要的三个变量。在促进企业自律上，其他变量的重要性排序是：媒体曝光（45.84%）>财政补贴（39.94%）>处罚力度（37.34%）>自律公约（34.06%）>诚信管理体系（32.26%）。

（六）研究结论与政策含义

随着我国社会的主要矛盾已经转化为“人民日益增长的美好生活需要和不平衡不充分的发展之间的矛盾”，企业在降低消费者非常关注和担忧的食品添加剂相关的食品安全风险上承担的责任更加沉重。调查与计量结果显示，食品企业对与食品添加剂相关的食品安全风险的关注和态度正在重塑着企业的生产经营活动。但是，这种重塑呈现较强的个体性，即不同的企业在食品添加剂使用行为上有明显的程度差异。基于记录、培训、监督、处罚和销毁五个环节，对调研样本进行统计发现，60%以上的企业都存在不同程度的制度或食品安全控制缺陷，因此亟须加强干预。更进一步的实证研究表明，尽管重要性存在差异，但鼓励企业建立诚信管理体系、政府给予财政补贴、采取忠告等柔性措施、加大处罚力度和抽检力度、行业协会进行指导和培训及强化企业的自律意识、鼓励媒体曝光等都可以在不同程度上促进企业规范食品添加剂的使用行为。其中，忠告等柔性措施、抽检力度，以及协会指导三个因素更加重要。

基于上述分析结果，可得到如下几点政策启示。①政府亟须在食品安全监管上进行行政管理创新。忠告等柔性措施和财政补贴对食品企业食品添加剂使用行为的影响，甚至在某些方面要大于抽检和处罚等硬性措施。这就要求政府进行行政管理创新，运用非强制性手段进行引导，改变管理人员与普通员工的价值观和行为方式，使其自觉地把正确和规范使用食品添加剂视作负责任之举。②推动企业建立并运行诚信管理体系。诚信缺失和道德失范往往被视为食品安全问题产生的重要原因。政府要重视诚信管理体系的建设和运行，督促相关部门明确分工、任务到人、责任到岗，鼓励和指导食品企业全面落实工作责任，加快推进食品企业诚信管理体系建设。③要充分发挥行业协会的“自律监管”作用。在现实中，由于对行政命令的简单执行和面对实际问题时的消极应对，行业协会的“自律监管”往往缺位。因此，政府应该从行政上将行业协会与行政机构脱钩，从法律上明确行业协会对行业发展的监管权力，促进行业协会通过指导和培训，以及强化自律意识等措施推动食品企业加强食品安全控制。④降低媒体曝光的交易成本。在落实公众“12331”电话举报的基础上，打通公众向媒体披露食品安全风险的通道，为媒体曝光提供线索。要提高媒体的独立性，防止地方政府利用行政权力等对媒体施加影响力，降低媒体曝光的交易成本。

七　本章小结

本章首先分析了社会共治的必要性和治理途径。然后，分别以公众参与和投诉举报为例研究了社会主体的参与方式和参与意愿。最后，以食品添加剂使用行为为例，研究了影响食品企业自律的主要因素。基于上述研究，可以得到如下结论。

第一，社会共治是为了应对食品安全供给上的市场和政府双失灵问题而产生的。社会主体是食品安全社会共治体系的重要组成部分，是促使食品安全的行政监管向社会治理转变的关键。由民众与各类社会组织等构成的相对独立于政府、市场的"第三领域"，能够参与食品安全治理，从而成为政府治理、企业自律的有力补充，影响公共政策的实施。食品企业是食品生产的主体，其生产行为直接或间接决定食品的质量安全。提高食品安全水平离不开企业自律。因此，食品安全社会共治要求食品企业承担更多的食品安全责任。政府的监管和社会主体的参与可以促使食品企业加强自律。

第二，由于风险来源、行政体制等的不同，在不同国家的食品安全监管中公众参与的方式和目的必然会有所差异。从立法参与角度看，中国、美国、日本三个国家的公众都可以参与法律的制定。从执法参与角度看，美国的目的是弥补专业技术人才的不足；日本注重防范行政体制对食品安全监管的干扰，提高食品安全监管的独立性和中立性；我国更希望公众参与能弥补监管力量的不足。从司法参与角度看，美国设立了公益诉讼和集体诉讼制度；日本在司法参与上的实践主要是建立了消费者团体诉讼制度；我国则建立了以赔偿受害人的损失为主要目的的民事诉讼制度和司法赔偿制度。

第三，虽然比较认可投诉举报的作用，但消费者对投诉举报制度的了解程度偏低，投诉举报的意愿也不高。其中，80%以上的消费者不知道食品安全投诉举报电话。奖励力度比较低、保密措施不完善是影响消费者投诉举报意愿的显著因素。研究还发现，文化程度越高的消费者，举报的意愿越低。可能的原因是，文化程度较高的人大多数有较为稳定的工作和收入，习惯于享受安稳的生活，不愿意多生事端。虽然本部分是以消费者的投诉举报作为案例的，但是窥一斑而见全豹，消费者投诉举报的案例可以反映出社会主体参与社会共治的意愿和积极性尚有待提高。

第四，食品企业对食品安全风险的关注和态度正在重塑着企业的生产经营活动。这种重塑呈现较强的个体性，即不同食品企业在自律程度上差异较大。行政处罚、财政补贴和忠告等柔性措施等行政监管手段，以及协会指导、媒体曝光等社会治理手段是影响食品企业自律的显著因素。因此，为促使食品企业自律，地方政府要在完善自身的行政监管的基础上，把行业协会和媒体等社会主体也纳入食品安全监管体系，形成合力，共同促使食品企业安全生产，从源头上提高食品安全水平。

第八章
研究结论、政策建议与未来的研究方向

一　研究结论

基于上述研究，本书的研究结论主要有以下几点。

第一，关于中央（联邦）政府和地方政府的监管事权划分，中国和美国沿着两条不同的路径发展。我国中央政府将食品安全监管的事权下沉到地方政府。随着分权改革的推进，地方政府的食品安全监管责任逐渐加重，形成了当前地方政府负总责的制度安排。但是，在美国，联邦政府的食品安全监管责任却在逐渐加重，逐渐形成了以联邦政府的集权式监管为主，以州和地方政府的分权式监管为辅，两者结合的协同式监管模式。

美国的食品产业集中度比较高，同时州和地方政府进行食品安全监管的责任意识比较强。因此，美国采用以联邦政府监管为主的协同式监管体制是合理的。然而，我国食品产业集中度比较低，且地方政府是发展型政府，进行食品安全监管的责任意识比较弱。地方政府负总责既有助于发挥地方政府供给地区性食品安全的优势，又有助于将食品安全监管的责任和压力下沉到地方政府，以增强地方政府的监管积极性。因此，从上述角度看，地方政府负总责和我国的国情是吻合的。但是，系统性和区域性的食品安全风险是我国当前面临的重要风险。地方政府负总责模式下的事权划分形成了地方政府事实上的权力主体地位，降低了中央的食品安全供给在地方层面的执行效果。在地方政府负总责模式下，地方政府除了要承担地方性食品安全供给外，同时还需要承担全国性食品安全供给。这就意味着地方政府负总责弱化了中央政府对系统性和区域性食品安全的监管责任。从这个角度看，地方政府负总责有不合理之处。

第二，由于复杂的原因，地方政府可能会弱化食品安全监管，中央政府应精准施策加以防范和纠正。首先，我国地方政府官员的年龄偏大且任期偏短，这就导致官员具有较高的风险规避度。为了规避把行政资源投入食品安全监管上的收益不确定性，地方政府就会减少在食品安全监管上的资源投入。其次，我国现行的食品安全绩效考核主要从地方政府的领导机制、协调机制、履职情况、计划制订与落实、案件查处等方面构建指标体系。这会诱导地方政府把精力更多地投入文件工作上，忽视了具体的监管，无助于提高公众的满意度。最后，经济发展和食品安全监管任务的努力成本是替代性的，且中央政府为地方政府提供了强效的经济发展激励，这就导致一些地方政府可能会以牺牲食品安全为代价来追求经济增长。

地方政府被食品企业俘获也会扭曲食品安全监管。然而，导致地方政府被食品企业俘获的主要因素不是俘获的绝对净收益，而是地方政府和食品企业对俘获收益和俘获损失的主观感知。地方政府和食品企业对损失的厌恶程度和对风险的态度，以及对中央政府发现俘获行为的概率的主观感知等影响地方政府和食品企业的决策。声誉缺失、问责不力、社会主体的监管不够等导致地方政府和食品企业对俘获的主观感知是收益大于成本。中央政府要围绕改变地方政府和食品企业对惩罚和激励的主观感知来设计规制俘获防范制度。

地方政府官员具有认知短视特征。这可能会导致地方政府监管意愿和行为的背离。在制定食品安全工作的各种规划和文件时，地方政府非常重视食品安全，但在具体实施时又可能会放弃之前的“承诺”。中央政府应强化食品安全“一票否决制”，利用该制度的锁定效应，威慑地方政府在进行行为决策时仍坚持按照原来的意愿行动。

第三，社会共治的提出是为了弥补市场和政府双失灵。社会主体的参与和食品企业的自律是社会共治的重要组成部分。在公众参与上，我国应该根据本国的基本国情合理制定公众参与立法、司法和执法的相关制度。投诉举报是社会共治的重要组成部分，但奖励力度小和保密措施不完善是影响消费者投诉举报意愿的重要因素。研究还发现，食品企业对食品安全风险的关注和态度正在重塑着企业的生产经营活动。这种重塑呈现较强的个体性，即不同食品企业在自律程度上的差异较大。行政处罚、财政补贴、忠告等柔性措施等行政监管手段，以及协会指导、媒体曝光等社会治理手段是促使食品企业自律的显著因素。

二　政策建议

根据上述研究结论，建议从如下几个方面完善食品安全监管体制。

（一）厘清中央和地方的事权

中央政府应根据公共物品供给的分权原则和对等原则，调整现行的食品安全监管体制，采取属地管理与垂直管理相结合的混合体制。一方面，要构建一个监管权力集中、监管事权清晰、人事与财务独立的垂直监管部门，独立行使职能，供给全国性的食品安全。另一方面，要明确各级地方政府的食品药品监管权和责任清单，区分食品安全监管中的地方权，实现权责相对一致，让地方政府供给地方性食品安全。

（二）促使地方政府加强食品安全监管

中央政府要遵循利益与责任对等的原则，加强对地方政府的监督和考核以及问责和激励，破除地方保护主义，促使地方政府加强食品安全监管。

1. 加强对地方政府的监督和考核

在权责清晰的基础上，中央政府可以借鉴纪检体制改革的经验，加大督查力度，对地方政府落实食品安全监管的信息公开、日常监督、廉政等情况进行督查，并将发现的问题反馈给上级或中央政府，由上级或中央政府对地方政府进行问责。①建立食品安全信息直报制度。设立食品安全信息中心，要求具有资质的监测机构除了要向地方政府或监管部门报送监测信息外，还要将监测数据直接报送给食品安全信息中心，以防止地方政府欺上瞒下。②完善公众举报制度。设立有奖举报中心，鼓励公众对地方政府和监管部门的阳奉阴违、贪污勾结和监管不力等问题进行举报。中央要对公众的举报进行调查核实，以便直接掌握地方政府的监管情况。

食品安全监管的绩效考核是一个难题。国内不同的学者采用不同的指标来设计考核体系，如刘鹏（2010）采用食物中毒报告数量、食物中毒人数统计、食物中毒死亡人数统计和食物抽检送检年度评价合格率趋势四个指标来反映食品安全监管绩效。刘鹏（2013）利用平衡计分卡理论模型，从工作业绩、相关利益者、内部管理以及学习与成长四个维度来设计评估指标体系，初步构建了一套全面的省级政府食品安全监管绩效评价指标体系。李长健等（2017）也采用平衡计分卡理论模型为分析工具对食品安全监管绩效进行了考核。中央政府应该将公众的满意度纳入绩效考核标准体系，用人民群众满意不满意来衡量地方政府的食品安全监管绩效。

此外，还要将“过程考核制”和“结果考核制”结合起来。要通过规章制度等形式明确地方政府和监管部门的工作流程等，并要求地方政府和监管部门严格实施监管流程备案制。在此基础上，即使公众满意度低、抽检合格率不高或者发生了食品安全事故，只要地方政府和食品安全监管部门的工作充分，符合相关要求，都可以视为尽职尽责。

2. 加强对地方政府的问责和激励

行政问责是对故意或者过失不履行或者未正确履行法定职责、渎职失职贻误行政工作等行为进行内部监督和责任追究的制度。行政问责制度是中央政府实施地方政府负总责的关键配套制度，是促使地方政府严格落实食品安全监管责任的负向激励政策。2003 年实施的《突发公共卫生事件应急条例》明确提出了行政问责制。但是，当前行政问责制的建立和实施都存在若干问题。首先，问责制度不健全。我国没有专门和完善的关于行政问责的成文法，相关规定散见于各个法律和规范性文件中。由于没有明确的启动程序，行政问责没有明确的规范可供遵守，往往由上级领导的意志决定，导致行政问责具有主观性和随意性。其次，问责范围比较狭窄，仅限于上级行政部门对下级行政部门的问责，人大、政协等非行政部门的问责机制没有建立。最后，责任权限不清。我国的食品安全监管体制尚不健全，各级政府和监管部门的职责不清、权限不明。

在追究责任时，责任的界定和承担往往模糊不清。

当前，中央政府对地方政府的激励主要是负向的行政问责制度。行政问责制度下，地方政府和监管部门都将食品安全监管视为一个“烫手山芋”，避之唯恐不及。根据《食品安全法》等法律法规的规定，地方政府应该对辖区内发生的重大食品安全事故承担行政责任。因此，为避免被问责，地方政府往往只会把努力的方向放在防范重大食品安全事故上，而不是降低食品安全风险。

要改变地方政府被动监管的状况，提高主动监管的积极性，就必须给予地方政府正向激励。中央政府可以根据地方政府发现和解决食品安全问题的数量、公开食品安全信息的数量，以及解决食品安全问题的效果等给予适当的物质奖励，或者通过表彰等方式给予精神奖励。更重要的是，要将食品安全绩效考核结果与地方政府领导干部的政绩评价挂钩，以真正发挥绩效考核的激励约束功能。

地方政府的行为是非常复杂的，受风险态度、损失厌恶系数和心理参考点等多方面因素的影响。因此，在设计规制俘获防范制度时，中央政府要转变思路，加强对地方政府官员的心理研究，紧紧围绕改变地方政府官员的主观感知来设计规制俘获防范制度。例如，决策者往往会高估低概率事件的发生概率，即赋予小概率事件一个大权重。即使决策者知道事件发生的实际概率，他们赋予事件的“心理权重”也会大大高于实际概率，即地方政府会高估查处成功率较低的监管手段的作用。中央政府可以将查处成功率较低的监管手段和查处成功率较高的监管手段结合起来，强化地方政府对查处概率的主观认知，从而将不可获悉的隐性信息转变为守法压力，形成威慑效应。

最后，中央政府应强化食品安全“一票否决制”，利用该制度的锁定效应，威慑地方政府在进行行为决策时仍坚持按照原来的意愿行动。

（三）构建食品安全社会共治体系

构建食品安全社会共治体系是一个系统工程，涉及公众、行业协会、第三方机构等众多主体。而且，不同主体的参与方式和参与意愿等也各不相同。本书只是探索性地以公众参与和食品企业自律为例展开了初步研究。由于研究范围有限，笔者结合第六章的研究内容，主要从如下几个方面提出建议。

1. 完善公众参与制度

（1）在立法参与上，应畅通公众表达利益诉求的渠道。首先，要将公众的利益诉求嵌入食品安全相关政策的制定中。食品安全政策并不仅仅是为了解决食品安全风险防范的科学性问题，还涉及公众、生产者等主体的利益分配问题。是否能够反映公众的利益诉求是衡量食品安全政策优劣的重要指标。虽然我国经常通过听证、征求意见等方式听取公众的意见，但是这样的运作在实践中往往作用有限。我国应该借鉴美国和日本的经验，完善政策的制定程序和规则，努力将公众的利益诉求嵌入食品安全相关政策的制定中。其次，要完善信息公开制度。公众合理的利益诉求是建立在信息公开基础上的。公众的利益诉求在不完全信息下可能是不合理的。信息公开有助于公众理性调整利益诉求，确保利益诉求的合理性。与食品添加剂相关的食品安全问题曾导致公众谈添加剂色变。通过媒体、专家等的宣传和说明，公众认识到与食品添加剂相关的食品安全问题的根源是人为滥用而不是添加剂本身。因此，公众不再抵触食品添加剂，而是更关注食品添加剂的超标准使用。此外，信息公开还是完善声誉机制、优化执法环境的重要条件（吴元元，2012）。

（2）在执法参与上，应鼓励公众的监督和举报。美国和日本食品安全监管中的公众执法参与值得借鉴和思考，但是我国的基本国情决定了公众执法参与的目的是弥补监管力量不足。《食品安全法》等法律法规都明确要调动一切社会力量和资源，构建最严格和严密的监管体系。在这个监管体系中，公众参与不是要弱化政府的监管，而是行政资源短缺条件下的重要补充。弥补监管力量不足就是要鼓励公众的监督和举报。公众监督和举报不仅仅是《宪法》赋予的政治权利，也是《宪法》和《刑事诉讼法》都明确规定的公民应该承担的义务，是公众维护法律尊严、惩治违法犯罪行为的有效途径。针对当前我国公众举报积极性不高的问题，应该综合使用宣传教育和物质激励相结合的方式，从精神上和物质上进行引导。保密制度的完善程度影响公众举报的积极性，而公众举报是政府信息重要来源。因此，要完善保密制度，解决举报人对政府保密工作的担忧和不信任问题，消除举报人的后顾之忧。

（3）在司法参与上，应建立和完善公益诉讼制度和惩罚性赔偿制度。在司法参与上，虽然目的不同，但是美国和中国都建立了民事诉讼制度和司法赔偿制度，鼓励公众通过诉讼向违法违规的食品生产者要求民事赔偿。然而，日本的消费者团体诉讼制度以停止侵害为主要目的，没有涉及损害赔偿问题。作为食品安全风险的最终承担者和食品安全事故的直接受害者，社会公众具有合法的权利利用司法手段对生产者提起诉讼。这是政府保护消费者利益，完善食品安全监管体系的重要内容。食品安全是消费者的基本权利。保护消费者的基本权利就要把刑事惩罚与民事赔偿结合起来，让公众拿起法律武器同违法违规的食品生产者作斗争。我国的食品安全民事诉讼制度由于举证困难、要求有直接危害等实施的难度较大。由于惩罚性赔偿制度缺位，我国对消费者的赔偿仅限于直接受害的程度，无法弥补对消费者健康的损害，也无法对违法者形成震慑。因此，要建立和完善公益诉讼制度和惩罚性赔偿制度。要加大惩罚性赔偿的力度，对所有惩罚性赔偿采取“上不封顶、下要保底”的政策，以切实发挥惩罚性赔偿的震慑作用，达到打击食品安全犯罪的目的。

2. 完善投诉举报制度

（1）完善保密制度。完善保密制度是确保举报人的合法权益不受侵犯，保障举报人依法行使法律赋予的权利的基础。各级地方政府尤其是食品安全监管部门应该切实认识到保密制度对投诉举报的极端重要性。要从建章立制入手，用制度管控保密工作，强化责任，对不认真履行自身职责导致举报人信息泄露的，要从严处理，决不姑息迁就。此外，还要增强涉密人员的保密意识，强化涉密人员的自身责任，与涉密人员签订保密协议，通过保密协议约束涉密人员的行为。

（2）提高奖励标准。当前，我国主要是以货值的一定比例来评估支付给举报人的奖励金额的。这个比例一般在千分之一到千分之五之间。按照货值 100 万元计算，奖励金额最多 5000 元。在当前的经济发展和收入水平下，5000 元的奖励金额对举报人的激励力度并不大。而且从现实中的违法违规情况看，100 万元的货值已经属于规模很大的了。如果按照货值比例确定奖励金额，则必须提高奖金比例，可以将比例提高到30%甚至50%。此外，也可以考虑举报的经济、法律、社会效果等，对有重大贡献的举报人，不按货值比例予以奖励，而是直接给予重奖。总而言之，政府对举报人的奖励不能成为“鸡肋”，而应该是实实在在的。

（3）提高举报效率。首先，作为全国统一的投诉举报热线电话，“12331”有力地整合了举报资源，但是只有电话举报是不完善的。当前流行的微博、微信和电子邮箱等丰富了举报信息的接收途径。例如，上海市奉贤区积极探索微信举报小额快速奖励，提供了许多有益的启示和经验。政府应充分利用好新媒体，方便公众举报。其次，政府应该建立举报电子台账，在接到举报信息后，分类详细记录举报事宜，并及时予以回应，力争做到“事事有回音，件件有落实”。再次，政府应该加大对违法违规行为的处罚力度。按照“零容忍”的原则，严惩重罚，该罚款的一律按上限处罚，该吊销许可证的一律吊销许可证，该追究刑事责任的一律从速移送司法机关，让公众切实认识到举报的实际效果，增强举报的信心和积极性。最后，政府还应该建立内部问责制度，扩大问责范围，严惩消极回应行为。

（4）完善内部举报制度。内部举报可以起到从堡垒内部攻破违法违规企业的作用，对违法违规者的震慑作用要远大于外部举报。内部举报和外部举报是两个相互联系但是又有明显区别的举报制度。针对内部举报和外部举报，国外对举报内容的真实性、举报目的的正当性、举报程序的适当性等要件作出了一定区分。这更有利于保护内部举报人的合法权益，以及被举报企业的合理利益。我国的内部举报制度建立较晚，尚处于摸索阶段，在奖励标准、保密制度、举报程序等方面都或多或少地存在不足之处。我国应该积极借鉴美国等发达国家的内部举报制度，结合国情，创造性地建立具有中国特色的内部举报制度。

3. 提高企业自律的净收益

食品企业自律需要付出大量的人力、物力和财力等，成本较高。与此同时，自律还可以获得一定的收益。只有当自律的收益大于成本，即自律净收益大于零的条件下，食品企业才会自律。在增加食品企业自律的净收益上，地方政府要注重增加食品企业的直接物质利益。如财政补贴、税收优惠等激励措施在推动企业加强食品安全控制上的作用显著。地方政府应该结合本地实际情况，对食品企业实施食品可追溯等食品安全控制的行为给予财政补贴或税收优惠，引导企业自律，以提高食品安全水平。

在食品安全监管上，政府要进行行政管理创新，运用非强制性手段引导管理人员与普通员工的价值观和行为方式，使其自觉地把企业自律视为自身责任。诚信缺失和道德失范往往被视为食品安全问题的重要原因。因此，地方政府还要推动企业建立并运行诚信管理体系，督促相关部门明确分工、任务到人、责任到岗，加快推进食品企业诚信管理体系建设。地方政府还可以将财政补贴等激励与企业的诚信状况结合起来，取消失信企业获得财政补贴等政策优惠的资格。

除了提高正向的遵从收益外，还要提高不自律的成本，变相提高自律的收益。一方面，要通过提高处罚标准、丰富处罚手段和方式等途径加大处罚力度。另一方面，要增强检验检测和风险发现能力。要充分利用好政府的检验检测资源，充分发挥第三方检验检测机构的作用，提高发现食品企业不自律的概率。

4. 完善其他社会主体的参与制度

（1）要充分发挥行业协会的“自律监管”作用。在现实中，由于对行政命令的简单执行和对实际问题的消极应对，行业协会的“自律监管”往往缺位。因此，政府应该从行政上将行业协会与行政机构脱钩，从法律上明确行业协会对行业发展的监管权力，促进行业协会通过指导和培训，以及强化自律意识等措施推动食品企业加强食品安全控制。

（2）要降低媒体曝光的交易成本。在落实公众“12331”电话举报的基础上，打通公众向媒体披露食品安全风险的通道，为媒体曝光提供线索。要提高媒体的独立性，防止地方政府利用行政权力等对媒体施加影响力，降低媒体曝光的交易成本。

（四）提高政府的监管能力

1. 推进治理体系与治理能力现代化

一是完善顶层设计。从我国食品安全治理的实际出发，进一步明确我国新时代食品安全工作的指导方针、基本原则、总体目标与路线图，完善食品安全治理的顶层设计。二是打通监管的“最后一公里”。按照“小局大所”的改革理念，真正实现监管的“重心下移、力量下沉、保障下倾”，落实基层监管部门的“四有两责”，打通监管的“最后一公里”。三是创新监管机制，实现智慧监管和精准监管。实施“互联网+食品”监管，推进大数据、云计算、物联网、人工智能、区块链等技术的应用，实现食品安全的智慧监管和精准监管。四是提高食品安全检测能力。健全以省级检验检测机构为骨干，以设区市、县（市、区）两级检验检测机构为基础的食品安全检验检测体系，增强检验检测机构的检验检测能力，提高其装备配备标准。

2. 建设信用体系

一是建立食品安全信用“黑名单”制度。建立和完善食品安全信用信息共享平台，将食品企业和生产经营者个人的信用记录纳入共享平台。根据信用评价，制定食品安全信用“黑名单”，将纳入“黑名单”的企业记入信用档案并定期对全社会公开。食品安全监管部门依法对“黑名单”企业实施最严格的监管和市场准入。二是将食品安全信用“黑名单”与金融征信“黑名单”和个人信用“黑名单”有机衔接起来，纳入银行及小额贷款公司的贷款考核范围，以及航空和高铁系统的限乘考核范围，构建“一处失信，处处受限”的信用惩戒大格局。

3. 依靠科技进步推进食品安全治理

一是加强食品安全科技创新和应用。从实际出发，更大力度地将食品安全纳入省重点科技计划系列，重点突破食品安全的“卡脖子”关键技术、共性技术与装备研发、全产业链安全控制等关键领域，并积极将最新科研成果推广应用。二是加强食品安全综合监管科技创新和应用。借鉴国内外的经验，积极探索食品安全风险识别和评估体系、食品安全快速检测体系、大数据分析预警体系，以及惠民共享技术体系等的创新和应用。

三　未来的研究方向

根据对国内外研究现状的了解以及本书的研究结论，未来的研究可以从如下三个方面展开。一是加强对新时代食品安全战略的研究。党的十九大报告提出，要实施食品安全战略，让人民群众吃得放心。食品安全战略是一个包括监管体制、监管制度和治理工具等多方面内容的综合体系。未来要明确新时代食品安全战略的科学内涵和实施方法。二是进一步研究和探讨食品安全社会共治体系的构建。社会主体可以弥补单纯依靠政府监管的监管力量不足，如何建立利益共享、共同协作的社会共治体系是未来的一个研究方向。三是要加强对食品造假等故意违法犯罪行为的产生原因和治理工具的研究。食品安全风险来源很多，风险来源的不同决定了我国的食品安全治理既要具有国际视野，又要立足我国实际。

四　本章小结

党的十九届四中全会明确提出，要大力推进国家治理体系和治理能力现代化。其中，食品安全治理体系的现代化是国家治理体系和治理能力现代化的重要组成部分。作为建立食品安全治理体系的重要制度安排，地方政府负总责与我国的基本国情总体上是吻合的，但由于复杂的原因，地方政府也可能会弱化食品安全监管，因此中央政府应精准施策加以防范和纠正。此外，为了弥补政府和市场的双失灵，我国应该积极构建食品安全社会共治体系，改变过去单纯依靠政府的单中心式的监管模式。

参考文献

〔美〕埃莉诺·奥斯特罗姆：《公共事物的治理之道——集体行动制度的演进》，余逊达等译，上海三联书店，2000。

〔美〕奥尔森：《集体行动的逻辑》，陈郁等译，上海人民出版社，1995。

包刚升：《国家治理与政治学实证研究》，《学术月刊》2014年第7期。

曹正汉、周杰：《社会风险与地方分权——中国食品安全监管实行地方分级管理的原因》，《社会学研究》2013年第1期。

陈碧琴、傅强：《基于帕累托偏好的公共产品服务相对效率的理论模型》，《管理世界》2009年第8期。

陈季修、刘智勇：《我国食品安全的监管体制研究》，《中国行政管理》2010年第8期。

陈彦丽：《食品安全社会共治机制研究》，《学术交流》2014年第9期。

〔美〕丹尼尔·F. 史普博：《管制与市场》，余晖等译，上海人民出版社，1999。

党亚飞、孔浩：《社团政治：社会主导的基层治理模式——基于澳门社会治理模式的调查与思考》，《中国农村研究》2016年第1期。

邓刚宏：《构建食品安全社会共治模式的法治逻辑与路径》，《南京社会科学》2015年第2期。

封丽霞：《中央与地方立法事权划分的理念、标准与中国实践——兼析我国央地立法事权法治化的基本思路》，《政治与法律》2017年第6期。

傅勇：《财政分权、政府治理与非经济性公共物品供给》，《经济研究》2010年第8期。

傅勇、张晏：《中国式分权与财政支出结构偏向：为增长而竞争的代价》，《管理世界》2007年第3期。

格里·斯托克：《作为理论的治理：五个论点》，华夏风译，《国际社会科学杂志》1999年第1期。

龚强、张一林、余建宇：《激励、信息与食品安全规制》，《经济研究》2013年第3期。

国家统计局：《中国统计年鉴2017》，中国统计出版社，2017。

韩志红、隋静：《中国食品安全政府监管体制问题研究》，《东方法学》2012年增刊。

何骏：《合作治理：多元共治的基层治理模式——基于香港地方治理模式的调查与思考》，《中国农村研究》2016年第2期。

何坪华、凌远云、焦金芝：《武汉市消费者对食品市场准入标识QS的认知及其影响因素的实证分析》，《中国农村经济》2009年第3期。

胡颖廉：《"十三五"期间的食品安全监管体系催生：解剖四类区域》，《改革》2015年第3期。

胡颖廉：《科学谋划我国食品安全战略的基本框架》，《光明日报》2016年5月16日。

〔美〕华莱士·E. 奥茨：《财政联邦主义》，陆符嘉译，译林出版社，2012。

黄少安：《制度变迁主体角色转换假说及其对中国制度变革的解释——兼评杨瑞龙的"中间扩散型假说"和"三阶段论"》，《经济研究》1999年第1期。

霍晓英：《城市边缘区社会环境问题与优化途径研究——基于社会治理创新视角》，《经济问题》2017年第11期。

蒋慧：《论我国食品安全监管的症结和出路》，《法律科学：西北政法学院学报》2011年第6期。

蒋绚：《集权还是分权：美国食品安全监管纵向权力分配研究与启示》，《华中师范大学学报》（人文社会科学版）2015年第1期。

孔令兵:《食品安全监管中政府责任认知》,《食品与机械》2013年第2期。

雷勋平、邱广华:《基于前景理论的食品行业行为监管演化博弈分析》,《系统工程》2016年第2期。

雷宇:《声誉机制的信任基础:危机与重建》,《管理评论》2016年第8期。

李长健、段凌峰、孙富博:《中国食品安全监管绩效分析——基于BSC分析路径》,《江西社会科学》2017年第5期。

李静:《我国食品安全监管的制度困境——以三鹿奶粉事件为例》,《中国行政管理》2009年第10期。

李清光、陆姣、吴林海:《构建我国食品安全风险区域协作监管机制的研究》,《价格理论与实践》2015年第7期。

李锐、吴林海、尹世久、陈秀娟等:《中国食品安全发展报告2017》,北京大学出版社,2017。

李森:《试论公共产品受益范围多样性与政府级次有限性之间的矛盾及协调——对政府间事权和支出责任划分的再思考》,《财政研究》2017年第8期。

李先国:《发达国家食品安全监管体系及其启示》,《财贸经济》2011年第7期。

李想、石磊:《行业信任危机的一个经济学解释:以食品安全为例》,《经济研究》2014年第1期。

李新春、陈斌:《企业群体性败德行为与管制失效——对产品质量安全与监管的制度分析》,《经济研究》2013年第10期。

李艳云、吴林海、浦徐进、林闽刚:《影响食品行业社会组织参与食品安全风险治理能力的主要因素研究》,《中国人口·资源与环境》2016年第8期。

刘博驰:《食品安全问题带来的行业整合契机》,《农产品市场周刊》2012年第28期。

刘传江、赵颖智、董延芳:《不一致的意愿与行动:农民工群体性事件参与探悉》,《中国人口科学》2012年第2期。

刘剑文、侯卓：《事权划分法治化的中国路径》，《中国社会科学》2017年第2期。

刘立刚、张岩：《实名举报：网络舆论监督的可能性》，《西北大学学报》（哲学社会科学版）2014年第4期。

刘鹏：《省级食品安全监管绩效评估及其指标体系构建——基于平衡计分卡的分析》，《华中师范大学学报》（人文社会科学版）2013年第4期。

刘鹏：《中国食品安全监管——基于体制变迁与绩效评估的实证研究》，《公共管理学报》2010年第2期。

刘鹏、张苏剑：《中国食品安全监管体制的纵向权力配置研究》，《华中师范大学学报》（人文社会科学版）2015年第1期。

刘小鲁、李泓霖：《产品质量监管中的所有制偏倚》，《经济研究》2015年第7期。

刘亚平、杨大力：《食品安全的社会性监管与地方分权》，《法律和社会科学》2015年第2期。

刘再起、徐艳飞：《转型时期地方政府利益偏好与经济增长》，《财贸研究》2014年第2期。

逯元堂、吴舜泽、陈鹏、高军：《环境保护事权与支出责任划分研究》，《中国人口·资源与环境》2014年第24期。

吕玲、吴荣富：《国内外蛋品产业发展现状及消费趋势》，《中国家禽》2015年第1期。

吕文栋：《管理层风险偏好、风险认知对科技保险购买意愿影响的实证研究》，《中国软科学》2014年第7期。

马琳：《食品安全规制：现实、困境与趋向》，《中国行政管理》2015年第10期。

马万里：《多中心治理下的政府间事权划分新论——兼论财力与事权相匹配的第二条（事权）路径》，《经济社会体制比较》2013年第6期。

倪国华、郑风田：《媒体监管的交易成本对食品安全监管效率的影响——一个制度体系模型及其均衡分析》，《经济学》（季刊）2014年第2期。

聂辉华、张雨潇：《分权、集权与政企合谋》，《世界经济》2015年第6期。

浦徐进、何未敏、范旺达：《市场结构、消费者偏好与最低质量标准规制的社会福利效应》，《财贸研究》2013年第6期。

全世文、曾寅初：《我国食品安全监管者的信息瞒报与合谋现象分析——基于委托代理模型的解释与实践验证》，《管理评论》2016年第2期。

邵明波、胡志平：《食品安全治理如何有效：政府还是市场》，《财经科学》2016年第3期。

谭志哲：《我国食品安全监管之公众参与：借鉴与创新》，《湘潭大学学报》（哲学社会科学版）2012年第3期。

唐少云：《美国州和地方政府财政的地位及影响》，《世界经济研究》1989年第6期。

童建军：《德国食品安全监管的经验与启示》，《世界农业》2013年第9期。

王彩霞：《中国食品安全规制的“悖论”及其解读与破解》，《宏观经济研究》2012年第11期。

王进：《中国地方政府规制行为及其对产业效率的影响研究》，博士学位论文，山东大学，2013。

王俊豪：《政府管制经济学导论》，商务印书馆，2004。

王黎明：《食品工业发展报告》，中国轻工业出版社，2015。

王猛：《府际关系、纵向分权与环境管理向度》，《改革》2015年第8期。

王赛德、潘瑞姣：《中国式分权与政府机构垂直化管理——一个基于任务冲突的多任务委托—代理框架》，《世界经济文汇》2010年第1期。

王素莲、阮复宽：《企业家风险偏好对R&D投入与绩效关系的调节效应——基于中小企业板上市公司的实证研究》，《经济问题》2015年第6期。

王耀忠：《食品安全监管的横向和纵向配置——食品安全监管的国际比较与启示》，《中国工业经济》2005年第12期。

王志刚、翁燕珍、杨志刚、郑风田：《食品加工企业采纳 HACCP 体系认证的有效性：来自全国 482 家食品企业的调研》，《中国软科学》2006 年第 9 期。

王中亮：《食品安全监管体制的国际比较及其启示》，《上海经济研究》2007 年第 12 期。

王忠：《大数据时代个人数据隐私泄露举报机制研究》，《情报杂志》2016 年第 3 期。

乌云娜、杨益晟、冯天天、黄勇：《基于前景理论的政府投资代建项目合谋监管威慑模型研究》，《管理工程学报》2013 年第 2 期。

吴林海、卜凡、朱淀：《消费者对含有不同质量安全信息可追溯猪肉的消费偏好分析》，《中国农村经济》2012 年第 10 期。

吴林海、钱和：《中国食品安全发展报告 2013》，北京大学出版社，2013。

吴林海、王淑娴、Wuyang Hu：《消费者对可追溯食品属性的偏好和支付意愿：猪肉的案例》，《中国农村经济》2014 年第 8 期。

吴林海、徐玲玲、尹世久等：《中国食品安全发展报告 2015》，北京大学出版社，2015。

吴林海、张秋琴、山丽杰、陈正行：《影响企业食品添加剂使用行为关键因素的识别研究：基于模糊集理论的 DEMATEL 方法》，《系统工程》2012 年第 7 期。

吴林海、朱淀、徐玲玲：《果蔬业生产企业可追溯食品的生产意愿研究》，《农业技术经济》2012 年第 10 期。

吴惕安、俞可平：《当代西方国家理论评析》，陕西人民出版社，1994。

吴元元：《信息基础、声誉机制与执法优化——食品安全治理的新视野》，《中国社会科学》2012 年第 6 期。

谢康、刘意、肖静华、刘亚平：《政府支持型自组织构建——基于深圳食品安全社会共治的案例研究》，《管理世界》2017 年第 8 期。

谢康、刘意、赵信：《媒体参与食品安全社会共治的条件与策略》，《管理评论》2017 年第 5 期。

谢康、肖静华、杨楠堃、刘亚平：《社会震慑信号与价值重构——食品安全社会共治的制度分析》，《经济学动态》2015年第10期。

修文彦、任爱胜、冯忠泽、郝利：《美日欧农产品市场准入制度对中国的启示》，《农业经济问题》2007年第1期。

许源源、王通：《公共物品供给中的合作与责任：政府与社会组织》，《马克思主义与现实》2015年第2期。

〔英〕亚当·斯密：《国民财富的性质和原因的研究》，商务印书馆，1972。

杨雪冬：《压力型体制：一个概念的简明史》，《社会科学》2012年第11期。

姚荣：《府际关系视角下我国基层政府环境政策的执行异化——基于江苏省S镇的实证研究》，《经济体制改革》2013年第4期。

叶德珠：《地方政府短视偏差、行政拖延与锁定强制——“一票否决”考核制度的行为经济学分析》，《制度经济学研究》2010年第3期。

叶德珠、蔡赟：《高管人员信息披露造假的行为经济学分析》，《财经科学》2008年第1期。

叶德珠、王聪、李东辉：《行为经济学时间偏好理论研究进展》，《经济学动态》2010年第4期。

尹世久、高扬、吴林海：《构建中国特色社会共治体系》，人民出版社，2017。

尹振东：《垂直管理与属地管理：行政管理体制的选择》，《经济研究》2011年第4期。

应飞虎：《食品安全有奖举报制度研究》，《社会科学》2013年第3期。

余晖：《监管权的纵向配置：来自电力、金融、工商和药品监管的案例研究》，《中国工业经济》2003年第8期。

余晖：《政府与企业：从宏观管理到微观管制》，福建人民出版社，1997。

郁建兴、高翔：《地方发展型政府的行为逻辑及制度基础》，《中国社会科学》2012年第5期。

袁文艺：《食品安全管制的模式转型与政策取向》，《财经问题研究》2011 年第 7 期。

〔美〕詹姆斯·M. 布坎南：《公共物品的需求与供给》，马珺译，上海人民出版社，2009。

张和群：《社会规制理论综述》，《中国行政管理》2005 年第 10 期。

张红霞、安玉发：《食品生产企业食品安全风险来源及防范策略——基于食品安全事件的内容分析》，《经济问题》2013 年第 5 期。

张军、高远、傅勇、张弘：《中国为什么拥有了良好的基础设施?》，《经济研究》2007 年第 3 期。

张磊、王彩波：《中国政府环境保护的纵向研究——关于集权与分权的争论》，《湖北社会科学》2013 年第 11 期。

张曼、喻志军、郑风田：《媒体偏见还是媒体监管？——中国现行体制下媒体对食品安全监管作用机制分析》，《经济与管理研究》2015 年第 11 期。

张明华、温晋锋、刘增金：《行业自律、社会监管与纵向协作——基于社会共治视角的食品安全行为研究》，《产业经济研究》2017 年第 1 期。

张瑞良：《政治互动视角下政府间事权划分的研究——以食品安全监管事权改革为例》，《科学社会主义》2017 年第 4 期。

赵黎：《新型乡村治理之道——以移民村庄社会治理模式为例》，《中国农村观察》2017 年第 5 期。

赵喜凤：《STS 视域下中国食品安全问题的社会共治》，《中国矿业大学学报》（社会科学版）2015 年第 2 期。

〔日〕植草益：《微观规制经济学》，朱绍文等译，中国发展出版社，1992。

钟起万、邬家峰：《文化治理与社会重建：基于国家与社会互动的分析框架》，《江西社会科学》2013 年第 4 期。

周飞舟：《分税制十年：制度及其影响》，《中国社会科学》2006 年第 6 期。

周开国、杨海生、伍颖华：《食品安全监督机制研究——媒体、资本市场与政府协同治理》，《经济研究》2016 年第 9 期。

周黎安：《晋升博弈中政府官员的激励与合作——兼论我国地方保护主义和重复建设问题长期存在的原因》，《经济研究》2004 年第 6 期。

周黎安：《中国地方官员的晋升锦标赛模式研究》，《经济研究》2007 年第 7 期。

周早弘：《我国公众参与食品安全监管的博弈分析》，《华东经济管理》2009 年第 9 期。

朱美艳、庄贵军、刘周平：《顾客投诉行为的理论回顾》，《山东社会科学》2006 年第 11 期。

Akerlof, A., "The Market for 'Lemons': Quality Uncertainty and the Market Mechanism", *Quarterly Journal of Economics* 84 (1970): 488-500.

Antle, J. M., *Choice and Efficiency in Food Safety Policy*, Washington DC: AEI Press, 1995.

Antle, J. M., "Economic Analysis of Food Safety", *Handbook of Agricultural Economics* 1 (2001): 1083-1136.

Antle, J. M., "Efficient Food Safety Regulation in the Food Manufacturing Sector", *American Journal of Agricultural Economics* 78 (1996): 1242 - 1247.

Antle, M., "Efficient Food Safety Regulation in the Food Manufacturing Sector", *American Journal of Agricultural Economics* 78 (1996): 1242-1247.

Bailey, P., Garforth, C., "An Industry Viewpoint on the Role of Farm Assurance in Delivering Food Safety to the Consumer: The Case of the Dairy Sector of England and Wales", *Food Policy* 45 (2014): 14-24.

Balzano, J., "China's Food Safety Law: Administrative Innovation and Institutional Design in Comparative Perspective", *Asian-Pacific Law & Policy Journal* 2 (2012): 152-174.

Bardhan, P., "Decentralization of Governance and Development", *Journal of Economic Perspectives* 16 (2002): 185-205.

Becker, G., "A Theory of Competition among Pressure Groups for Political Influence", *Quarterly Journal of Economics* 98 (1983): 371-400.

Besley, T., Coate, S., "Centralized Versus Decentralized Provision of

Local Public Goods: A Political Economy Approach", *Journal of Public Economics* 87 (2003): 2611-2637.

Beulens, M., Broens, F., Folstar, P., Hofstede, J., "Food Safety and Transparency in Food Chains and Networks Relationships and Challenges", *Food Control* 16 (2005): 481-486.

Bowen, A., Edwards, J., Cattell, K., "Corruption in the South African Construction Industry: A Thematic Analysis of Verbatim Comments from Survey Participants", *Construction Management & Economics* 30 (2012): 885-901.

Brasington, D., "Which Measures of School Quality Does the Housing Market Value?" *Journal of Real Estate Research* 18 (1999): 395-414.

Bressers, J. T. A., "The Choice of Policy Instruments in Policy Networks", *Public Policy Instruments: Evaluating Tools of Public Administration*, Cheltenham, United Kingdom: Edward Elgar, 1998.

Caswell, A., Mojduszka, M., "Using Informational Labeling to Influence the Market for Quality in Food Products", *American Journal of Agricultural Economics* 78 (1996): 1248-1253.

Caswell, A., "Valuing the Benefits and Costs of Improved Food Safety and Nutrition", *The Australian Journal of Agricultural and Resource Economics* 42 (1998): 409-424.

Caswell, J. A., Padberg, D. I., "Toward a More Comprehensive Theory of Food Labels", *American Journal of Agricultural Economics* 74 (1992): 460-468.

Celaya, C., Zabala, M., Pérez, P., et al., "The HACCP System Implementation in Small Businesses of Madrid's Community", *Food Control* 18 (2007): 1314-1321.

Celik, G., "Mechanism Design with Collusive Supervision", *Journal of Economic Theory* 144 (2009): 69-95.

Chris, A., Gash, A., "Collaborative Governance in Theory and Practice", *Journal of Public Administration Research and Theory* 18 (2008):

543-571.

Chung, H., "Studies of Central-provincial Relations in the People's Republic of China: A Mid-term Appraisal", *China Quarterly* 142 (1995): 487-508.

Codron, M., Fares, M., Rouviere, E., "From Public to Private Safety Regulation? The Case of Negotiated Agreements in the French Fresh Produce Import Industry", *International Journal of Agricultural Resources Governance & Ecology* 6 (2007): 415-427.

Collins, T., "Food Adulteration and Food Safety in Britain in the 19th and Early 20th Centuries", *Food Policy* 18 (1993): 95-109.

Commission on Global Governance, *Our Global Neighbourhood: The Report of the Commission on Global Governance*, London, United Kingdom: Oxford University Press, 1995.

Crowther, J., Herd, T., Michels, M., "Food Safety Education and Awareness: A Model Training Programme for Managers in the Food Industry", *Food Control* 4 (1993): 97-100.

Dickens, T., "Crime and Punishment Again: The Economic Approach with a Psychological Twist", *Journal of Public Economics* 30 (1986): 97-107.

Dilip, A., Faruk, G., "Bargaining and Reputation", *Econometrica* 68 (2000): 85-118.

Dreyer, M., Renn, O., *Food Safety Governance: Integrating Science, Precaution and Public Involvement*, Berlin, Germany; Springer, 2009.

Dyck, A., Morse, A., Zingales, L., "Who Blows the Whistle on Corporate Fraud?" *Journal of Finance* 65 (2010): 2213-2253.

Eijlander, P., "Possibilities and Constraints in the Use of Self-regulation and Co-regulation in Legislative Policy: Experiences in the Netherlands-lessons to be Learned for the EU?" *Electronic Journal of Comparative Law* 9 (2005): 1-8.

Emerson, K., Nabatchi, T., Balogh, S., "An Integrative Framework for Collaborative Governance", *Journal of Public Administration Research and Theory* 22 (2012): 1-29.

Emerson, K., Nabatchi, T., Balogh, S., "An Integrative Framework for Collaborative Governance", *Journal of Public Administration Research and Theory* 22 (2012): 1-29.

Escanciano, C., Santos-Vijande, L., "Reasons and Constraints to Implementing an ISO 22000 Food Safety Management System: Evidence from Spain", *Food Control* 40 (2014): 50-57.

Faguet, P., "Does Decentralization Increase Government Responsiveness to Local Needs? Evidence from Bolivia", *Journal of Public Economics* 88 (2001): 867-893.

Farina, E., Reardon, T., "Agrifood Grades and Standards in the Extended Mercosur: Their Role in the Changing Agrifood System", *American Journal of Agricultural Economics* 82 (2000): 1170-1176.

Fearne, A., Martinez, M. G., "Opportunities for the Co-regulation of Food Safety: Insights from the United Kingdom", *Choices* 20 (2005): 109-116.

Fernando, Y., Ng, H., Yusoff, Y., "Activities, Motives and External Factors Influencing Food Safety Management System Adoption in Malaysia", *Food Control* 41 (2014): 69-75.

Fouayzi, H., Caswell, A., Hooker, H., "Motivations of Fresh-cut Produce Firms to Implement Quality Management Systems", *Review of Agricultural Economics* 28 (2006): 132-146.

Galliano, D., Roux, P., "Organisational Motives and Spatial Effects in Internet Adoption and Intensity of Use: Evidence from French Industrial Firms", *The Annals of Regional Science* 42 (2008): 425-448.

Gao, Y., Niu, Z. H., Yang, H. R., Yu, L. L., "Impact of Green Control Techniques on Family Farms'Welfare", *Ecological Economics* 161 (2019): 91-99.

Gao, Y., Zhang, X., Lu, J., Wu, L., Yin, S. J., "A Doption Behavior of Green Control Techniques by Family Farms in China: Evidence from 676 Family Farms in Huang-huai-hai Plain", *Crop Protection* 99 (2017): 76-84.

Golan, E., Kuchler, F., Mitchell, L., Greene, C., Jessup, A., "Economics of Food Labeling", *Journal of Consumer Policy* 24 (2001): 117-184.

Goodhue, R. E., "Food Quality: The Design of Incentive Contracts", *Annual Review of Resource Economics* 3 (2011): 119-140.

Greene, H., *Econometric Analysis*, New Jersey, US: Prentice Hall, 2003.

Grossman, S. J., "The Informational Role of Warranties and Private Disclosure about Product Quality", *Journal of Law & Economics* 24 (1981): 461-489.

Hammoudi, A., Hoffmann, R., Surry, Y., "Food Safety Standards and Agrifood Supply Chains: An Introductory Overview", *European Review of Agricultural Economics* 36 (2009): 469-478.

Hardin, G., "The Tragedy of the Commons", *Science* 182 (1968): 1243-1248.

Head, G., Shoup, S., "Public Goods, Private Goods, and Ambiguous Goods", *Economic Journal* 79 (1969): 567-572.

Henson, S., Caswell, A., "Food Safety Regulation: An Overview of Contemporary Issues", *Food Policy* 24 (2004): 89-603.

Henson, S., Caswell, J., "Food Safety Regulation: An Overview of Contemporary Issues", *Food Policy* 24 (2004): 589-603.

Henson, S., Holt, G., "Exploring Incentives for the Adoption of Food Safety Controls: HACCP Implementation in the U. K. Dairy Sector", *Review of Agricultural Economics* 22 (2010): 407-420.

Herath, D., Hassan, Z., Henson, S., "Adoption of Food Safety and Quality Controls: Do Firm Characteristics Matter? Evidence from the Canadian Food Processing Sector", *Canadian Journal of Agricultural Economics* 55 (2007): 299-314.

Hobbs, J., Fearne, A., Spriggs, J., "Incentive Structures for Food Safety and Quality Assurance: An International Comparison", *Food Control* 13 (2002): 77-81.

Ibanez, L., Stenger, A., "Environment and Food Safety in Agriculture:

Are Labels Efficient?" *Australian Economic Papers* 39 (2000): 452-464.

Innes, R., "A Theory of Consumer Boycotts under Symmetric Information and Imperfect Competition", *Economic Journal* 116 (2010): 355-381.

Jiang, Q., Batt, J., "Barriers and Benefits to the Adoption of a Third Party Certified Food Safety Management System in the Food Processing Sector in Shanghai, China", *Food Control* 62 (2016): 89-96.

Kahneman, D., Tversky, A., "Prospect Theory: An Analysis of Decision Under Risk", *Econometrica* 47 (1979): 263-291.

Karaman, D., Cobanoglu, F., Tunalioglu, R., Ova, G., "Barriers and Benefits of the Implementation of Food Safety Management Systems among the Turkish Dairy Industry: A Case Study", *Food Control* 25 (2012): 732-739.

Keen, M., Marchand, M., "Fiscal Competition and the Pattern of Public Spending", *Core Discussion Papers* 66 (1997): 33-53.

Klein, B., Leffler, K. B., "The Role of Market Forces in Assuring Contractual Performance", *Journal of Political Economy* 89 (1981): 615-641.

Laibson, D., "Golden Eggs and Hyperbolic Discounting", *Quarterly Journal of Economics* 112 (1997): 443-477.

Law, M. T., "The Transaction Cost Origins of Food and Drug Regulation", in Annual Conference of the International Society for New Institutional Economics 5 (2001): 13-15.

Liu, C., "The Obstacles of Outsourcing Imported Food Safety to China", *Social Science Electronic Publishing* 43 (2010): 249-275.

Loewenstein, F., O'Donoghue, T., "Animal Spirits: Affective and Deliberative Processes in Economic Behavior", *Working Papers* (2004): 4-14.

Ma, X., Shi, L., "Notice of Retraction Game Analysis and Prevention Mechanism for Food Quality Supervision Collusion", International Conference on Advanced Management Science (2010): 283-287.

Macheka, L., Manditsera, A., Ngadze, T., Mubaiwa, J., "Barriers, Benefits and Motivation Factors for the Implementation of Food Safety

Management System in the Food Sector in Harare Province, Zimbabwe", *Food Control* 34 (2013): 126-131.

Manshaei, H., Zhu, Q., Alpcan, T., Basar, T., "Game Theory Meets Network Security and Privacy", *Acm Computing Surveys* 45 (2013): 1-39.

Martinez, G., Fearne, A., Caswell, A., Henson, H., "Co-regulation as a Possible Model for Food Safety Governance: Opportunities for Public-private Partnerships", *Food Policy* 32 (2007): 299-314.

Maurer, J., Weiss, M., Barbeite, G., "A Model of Involvement in Work-related Learning and Development Activity: The Effects of Individual, Situational, Motivational, and Age Variables", *Journal of Applied Psychology* 88 (2003): 707-724.

Moore, C., Spink, J., Lipp, M., "Development and Application of a Database of Food Ingredient Fraud and Economically Motivated Adulteration from 1980 to 2010", *Journal of Food Science* 77 (2012): 118-126.

Mueller, K., "Changes in the Wind in Corporate Governance", *Journal of Business Strategy* 1 (1981): 8-14.

Musgrave, A., Case, E., Leonard, H., "The Distribution of Fiscal Burdens and Benefits", *Public Finance Review* 2 (1974): 259-311.

Musgrave, A., "The Theory of Public Finance: A Study in Public Economy", *Journal of Political Economy* 99 (1959): 213-213.

Nelson, P., "Information and Consumer Behavior", *Journal of Political Economy* 78 (1970): 311-329.

Newell, G., Anderson, S., "Simplified Marginal Effects in Discrete Choice Models", *Economics Letters* 81 (2003): 321-326.

Ollinger, M., Moore, L., "The Economic Forces Driving Food Safety Quality in Meat and Poultry", *Review of Agricultural Economics* 30 (2008): 289-310.

Olson, M., "The Principle of 'Fiscal Equivalence': The Division of Responsibilities among Different Levels of Government", *American Economic*

Review 59 (1969): 479-487.

Ortega, D. L., Wang, H. H., Wu, L., et al., "Modeling Heterogeneity in Consumer Preferences for Select Food Safety Attributes in China", *Food Policy* 36 (2011): 318-324.

Peltzman, S., "Toward a More General Theory of Regulation", *Journal of Law & Economics* 19 (1976): 245-248.

Poncet, S., "A Fragmented China: Measure and Determinants of Chinese Domestic Market Disintegration", *Review of International Economics* 13 (2005): 409-430.

Posner, A., "Theories of Economic Regulation", *Bell Journal of Economics & Management Science* 5 (1974): 335-358.

Pouliot, S., Sumner, A., "Traceability, Liability, and Incentives for Food Safety and Quality", *American Journal of Agricultural Economics* 90 (2008): 15-27.

Richins, L., "An Analysis of Consumer Interaction Styles in the Marketplace", *Journal of Consumer Research* 10 (1983): 73-82.

Rouvière, E., Caswell, A., "From Punishment to Prevention: A French Case Study of the Introduction of Co-regulation in Enforcing Food Safety", *Food Policy* 37 (2012): 246-254.

Samuelson, P. A., "A Note on Measurement of Utility", *Review of Economic Studies* 4 (1973): 155-161.

Samuelson, P. A., "The Pure Theory of Public Expenditure", *Review of Economics & Statistics* 36 (1954): 387-389.

Schwartz, E., Susin, S., Voicu, I., "Has Falling Crime Driven New York City's Real Estate Boom?" *Journal of Housing Research* 14 (2003): 101-136.

Segerson, K., "Mandatory Versus Voluntary Approaches to Food Safety", *Agribusiness* 15 (1999): 53-70.

Serences, R., Rajcaniova, M., "Food Safety-Public Good", *Agricultural Economics* 53 (2007): 385-391.

Shapiro, C., "Premiums for High Quality Products as Returns to Reputations", *Quarterly Journal of Economics* 98 (1983): 659-679.

Sharkey, M., "Federalism in Action: FDA Regulatory Preemption in Pharmaceutical Cases in State Versus Federal Courts", *Social Science Electronic Publishing* 3 (2008): 1012-1050.

Shim, S. M., Sun, H. S., Lee, Y., Moon, G., Kim, S., Park, J., "Consumers' Knowledge and Safety Perceptions of Food Additives: Evaluation on the Effectiveness of Transmitting Information on Preservatives", *Food Control* 22 (2011): 1054-1060.

Starbird, A., "Designing Food Safety Regulations: The Effect of Inspection Policy and Penalties for Noncompliance on Food Processor Behavior", *Journal of Agricultural & Resource Economics* 25 (2000): 616-635.

Starbird, A., "Moral Hazard, Inspection Policy, and Food Safety", *American Journal of Agricultural Economics* 87 (2005): 15-27.

Stenger, A., "Experimental Valuation of Food Safety: Application to Sewage Sludge", *Food Policy* 25 (2000): 211-218.

Stigler, G., "The Theory of Economic Regulation", *The Bell Journal of Economics and Management Science* 2 (1971): 3-21.

Strausz, R., "Delegation of Monitoring in a Principal-agent Relationship", *The Review of Economic Studies* 64 (1997): 337- 357.

Tanner, S., Green, E., "Principals and Secret Agents: Central Versus Local Control over Policing and Obstacles to Rule of Law in China", *China Quarterly* 191 (2007): 644-670.

Tiebout, M., "A Pure Theory of Local Expenditures", *Journal of Political Economy* 64 (1956): 416-424.

Tirole, J., "Hierarchies and Bureaucracies: On the Role of Collusion in Organizations", *Journal of Law Economics & Organization* 2 (1986): 181-214.

Tunalioglu, R., Cobanoglu, F., Karaman, D., "Defining Economic Obstacles to the Adoption of Food Safety Systems in Table Olive Processing Firms", *British Food Journal* 114 (2012): 1486-1500.

Unnevehr, J., "Food Safety as a Global Public Good", *Agricultural Economics* 37 (2007): 149-158.

Utton, A., *The Economics of Regulation Industry*, Oxford, United Kingdom: Basil Blackwell Publishers, 1986.

Vandenbergh, M., "The New Wal-Mart Effect: The Role of Privae Contracting in Global Governance", *UCLA Law Review* 14 (2007): 913-970.

Vetter, H., Karantininis, K., "Moral Hazard, Vertical Integration, and Public Monitoring in Credence Goods", *European Review of Agricultural Economics* 29 (2002): 271-279.

Viscusi, K., Vernon, J., Harrington, J., *Economics of Regulation and Antitrust*, Cambridge, MA, US: MIT Press, 1995.

Vladimirov, Z., "Implementation of Food Safety Management System in Bulgaria", *British Food Journal* 113 (2011): 50-65.

Wu, L., Zhang, Q., Shan, L., Chen, Z., "Identifying Critical Factors Influencing the Use of Additives by Food Enterprises in China", *Food Control* 31 (2013): 425-432.

Wu, S. L., "Factors Influencing the Implementation of Food Safety Control Systems in Taiwanese International Tourist Hotels", *Food Control* 28 (2012): 265-272.

Xu, L., Shan, L., Zhong, Y., Wu, L., "The Public Perception of the Security Risks of Food Additives and the Main Influencing Factors: Empirical Investigation into Jiangsu", *Journal of Dialectics of Nature* 342 (2013): 410-415.

Yapp, C., Fairman, R., "Factors Affecting Food Safety Compliance within Small and Medium-sized Enterprises: Implications for Regulatory and Enforcement Strategies", *Food Control* 17 (2006): 42-51.

Yapp, C., Fairman, R., "Factors Affecting Food Safety Compliance within Small and Medium-sized Enterprises: Implications for Regulatory and Enforcement Strategies", *Food Control* 17 (2006): 42-51.

Zhang, W., Xue, J., "Economically Motivated Food Fraud and Adulteration in China: An Analysis Based on 1553 Media Reports", *Food*

Control 67 (2016): 192-198.

Zhou, J., Jin, S., "A Doption of Food Safety and Quality Standards by China's Agricultural Cooperatives", Food Control 22 (2011): 204-208.

附录A

江西省N市食品工业企业相关情况的调查问卷

尊敬的受访者：

您好。非常感谢您回答下列问题！我们承诺，调查结果不作他用。为了免除您的担忧，我们不要求受访者提供所在的单位与姓名等资料。您实事求是的回答，对我们结果的可行性、科学性具有基础性的作用。本问卷的题项，除特别说明外，均是单选题，只要选择一个答案，并在相应的字母上或____处打“√”。如果是多选题或其他类型的题目，则请您按照说明进行处理。我们十分感谢您的支持与配合。

一　食品企业基本情况

1. 您的性别：A. 男____；B. 女______年龄：______（请大体估算）。

2. 您的受教育程度：A. 小学及以下____；B. 初中____；C. 高中____；D. 大专____；E 本科____；F. 研究生及以上____。

3. 您在所在的企业的职位：A. 高层企业管理层____；B. 中层管理者____；C. 基层管理者____；D. 普通职工____；E. 技术人员____。

4. 您的月收入（大概估算）：A. 3000元及以下；B. 3001~6000元；C. 6001~12000元；D. 12001~20000元；E. 20001元及以上。

5. 您所在的企业董事长性别：A. 男____；B. 女____　年龄：______（请大体估算）。

6. 您所在的企业董事长受教育程度：A. 小学及以下____；B. 初中____；C. 高中____；D. 大专____；E. 本科____；F. 研究生及以上____。

7. 目前您所在的企业从业人员数量______个（请大体估算）。

8. 您所在的企业 2014 年的销售收入______万元。

9. 您所在的企业类型：A. 国有企业____；B. 集体企业____；C. 股份合作企业____；D. 联营企业____；E. 有限责任公司____；F. 股份有限公司____；G. 私营企业____；H. 外资企业____。

10. 您所在的企业生产的食品主要供应哪些市场（限选 3 项）？A. 城市中大型超市、生鲜专卖店____；B. 城市中小型超市和农贸市场____；C. 农村市场____；D. 出口为主____。

11. 您所在的企业生产的食品是否出口（包括港澳台）？A. 是____；B. 否____。

12. 按照您所在的企业生产的主导食品来分类，您所在的企业在我国食品行业中所占的市场份额（销售额为估算标准）：A. 小于 20%____；B. 大于等于 20%小于 40%____；C. 大于等于 40%小于 70%____；D. 大于等于 70%______（请大体估算）。

13. 您所在的企业生产的食品的主要类型（限选 3 项）：A. 粮食和粮食制品____；B. 乳及乳制品____；C. 调味品____；D. 饮料类____；E. 肉及肉制品____；F. 水产品及其制品____；G. 酒类____；H. 其他____。

二　食品添加剂使用情况

14. 您所在的企业主要使用的食品添加剂类型（限选 3 项）：A. 甜味剂______；B. 防腐剂______；C. 着色剂______；D. 漂白剂______；E. 香料______；F. 其他______。

15. 您所在的企业购买食品添加剂时最关心的因素是（限选 1 项）：A. 食品添加剂的价格______；B. 食品添加剂生产商的信誉______；C. 食品添加剂的成分______；D. 食品添加剂是否达到安全标准______；E. 其他______。

16. 您所在的企业使用食品添加剂的主要原因是（限选 3 项）：A. 改善外观______；B. 提高营养______；C. 改善口感______；D. 延长保质期______；E. 降低成本______；F. 其他______。

17. 您所在的企业如何对食品中添加剂成分及含量进行检测？A. 生产

过程中定期检测______；B. 对最终产品进行检测______；C. 不检测______。

18. 假如食品企业所加工和生产的食品使用了食品添加剂，您认为在此类食品的包装标签上是否需要贴上所使用的食品添加剂的成分和含量等说明？A. 不需要______；B. 无所谓______；C. 需要______。

19. 您是否认为滥用食品添加剂已经成为食品安全的最大隐患之一？A. 是______；B. 否______。

20. 您所在的企业是否超标或违规使用过食品添加剂？A. 是______；B. 否______。是否因违规或超标使用添加剂而发生过食品质量问题？A. 是______；B. 否______。

21. 您认为目前在食品行业中造成食品添加剂滥用的主要原因是（限选3项）：A. 企业对食品添加剂缺乏科学认识______；B. 不法企业和个人的道德缺失______；C. 食品安全、食品添加剂监管体制的不完善______；D. 食品添加剂安全性论证的技术局限性______；E. 政府监管不到位，惩罚力度太轻______；F. 食品添加剂的国家标准不完善______；G. 企业技术水平不高______；H. 其他______。

22. 您所在的企业采购食品添加剂主要渠道为（限选3项）：A. 生产添加剂的工厂____；B. 超市____；C. 食品添加剂专卖店____；D. 经销商____；E. 其他____。

三 企业自律

23. 您认为企业是否应该把食品安全放在生产管理的第一位？A. 是____；B. 否____。

24. 您认为您所在的企业对食品添加剂的管理是否存在风险？A. 是____；B. 否____。

25. 您所在的企业是否建立了可追溯制度？A. 是____；B. 否____。

26. 您所在的企业生产过程是否有食品添加剂使用记录？A. 是____；B. 否____。

27. 您所在的企业是否给员工提供食品添加剂相关知识和相关标准的培训？A. 是____；B. 否____。

28. 您所在的企业对员工在生产中违规使用添加剂的处罚力度：A. 非常严厉____；B. 比较严厉____；C. 一般____；D. 处罚较轻____；E. 没有处罚____。

29. 您所在的企业的中层管理人员是否定期不定期到生产一线检查食品添加剂的使用情况？A. 是____；B. 否____。

30. 当食品添加剂检测结果出现问题或达不到相关要求时，您所在的企业如何处理？A. 销毁不合格产品____；B. 将不合格产品重新加工再出售____；C. 没有任何处理，直接出售____。

31. 您认为下列哪些措施可以促进企业规范食品添加剂的使用？A. 媒体曝光不安全食品____；B. 政府加大惩罚力度，甚至取消行业准入资格____；C. 建立可追溯系统____；D. 政府给予奖励鼓励企业自律____；E. 行业协会和政府通过教育培训等方式鼓励企业自律____；F. 消费者举报____；G. 企业内部人员举报____。

32. 您所在的企业是否愿意发布《食品安全自律书》向社会公开生产经营过程，并主动接受社会各界监督？A. 是____；B. 否____。

33. 您所在的企业通过哪些食品质量安全管理体系认证？A. HACCP ____；B. ISO 9000 ____；C. ISO 14000 ____；D. ISO 22000 ____；E. GMP ____；F. GAP ____。

34. 您认为上述认证对企业保证食品安全是否有作用？A. 作用很大____；B；作用比较大____；C. 有一点____；D. 作用不太大____；E. 没有效果____。

35. 您所在的企业是否已经按照 QB/T 4111—2010 要求或其他相关要求建立企业诚信管理体系？A. 已建立____；B. 在建，未实施____；C. 未建立____；D. 不知道 QB/T 4111—2010 ____。

四　行业协会

36. 您所在的企业是否参加当地的相关食品行业协会？A. 是____；B. 否____。如果参加，那么行业协会是否有自律公约并要求企业签字执行？A. 是____；B. 否____。

37. 在行业协会内，如果企业不顾行业利益违规使用添加剂影响行业声誉，会不会受到协会惩罚？A. 会____；B. 否____。如果会，那么惩罚力度如何？A. 非常重____；B. 比较重____；C. 一般____；D. 不太重____；E. 不重____。

38. 行业协会是否对企业就食品添加剂的标准、使用、检测等进行指导或培训？A. 经常____；B. 偶尔____；C. 没有____。

39. 你认为行业协会对食品添加剂规范使用所起的作用大不大？A. 非常大____；B. 比较大____；C. 一般____；D. 不太大____；D. 不大____。

40. 行业协会是否制定有规范会员企业使用食品添加剂的相关制度或项目？A. 是____；B. 否____。

五 政府监管

41. 政府部门是否在技术和财政上给予支持鼓励企业规范食品添加剂的使用？A. 是____；B. 否____。

42. 政府是否通过忠告、教育、培训等柔性措施要求企业规范食品添加剂的使用？A. 是____；B 否____。

43. 您认为和强制性要求加强食品安全风险自我控制相比，忠告和教育发挥的作用怎么样？A. 忠告和教育没有强制性要求好____；B. 忠告和教育比强制性要求好____；C. 两者都不好____；D. 两者都较好____。

44. 您认为政府对食品添加剂使用的检查和检测力度如何？A. 非常严厉____；B. 比较严厉____ C. 一般____；D. 不太严厉____；E. 不严厉____。

45. 在当前的检测设备和技术条件下，食品添加剂超标或违规使用被政府检查或检测发现的概率大不大？A. 非常小____；B. 比较小____；C. 一般____；D. 比较大____；E. 非常大____。

46. 您认为政府对食品添加剂滥用的处罚力度如何？A. 非常严厉____；B. 比较严厉____ ；C. 一般____；D. 不太严厉____；E. 不严厉____。

47. 当地政府监管部门制定食品添加剂相关政策时是否征求过企业的意见？A. 是；B. 否。您认为这样是否可以提高政策有效性？A. 是____；B. 否____。

48. 食品添加剂超标或违规使用被媒体曝光的概率大不大？A. 非常小____；B. 比较小____；C. 一般____；D. 比较大____；E. 非常大____。

附录 B

山东省城市居民食品安全问题调查问卷

尊敬的被访者：

您好。非常感谢您回答下列问题！我们承诺，调查结果不作他用，而且，本次调查匿名填写，将绝对保密，所有数据只用于学术研究。您实事求是的回答，对我们结果的可行性、科学性具有基础性的作用。本问卷的题项，除特别说明外，均是单选题，只要选择一个答案，并在相应的字母上或____处打“√”。我们十分感谢您的支持与配合。

1. 您的性别：（1）男；（2）女。

2. 您的年龄（请直接填写）：________。

3. 您的婚姻状况是：（1）已婚；（2）未婚；（3）其他。

4. 您家中是否有 12 岁以下的小孩？（1）有；（2）没有。

5. 您的学历：（1）初中及以下；（2）高中或中专；（3）大专；（4）大学本科；（5）研究生。

6. 您的家庭人口数（指居住在一起生活的人数）：（1）1 人；（2）2 人；（3）3 人；（4）4 人；（5）5 人及以上。

7. 您的家庭年收入大约为：（1）30000 元及以下；（2）30001~50000 元；（3）50001~100000 元；（4）100001~200000 元；（5）200001 元及以上。

8. 您的职业是：（1）公务员；（2）事业单位职员；（3）企业员工；（4）农民；（5）自由职业者；（6）离退休人员；（7）无业；（8）学生；（9）其他。

9. 您是否关注食品安全问题？（1）非常关注；（2）比较关注；（3）一般；（4）不太关注；（5）完全不关注。

10. 您认为，目前您所在地区食品安全的总体状况如何？（1）非常安全；（2）比较安全；（3）一般；（4）不太安全；（5）非常不安全。

11. 与前两年相比，您感觉目前您所在地区的食品安全的总体状况是：（1）有很大好转；（2）有所好转；（3）基本没变化；（4）有所变差；（5）变差了很多。

12. 您对未来食品安全状况进一步改善的信心如何？（1）非常有信心；（2）比较有信心；（3）一般；（4）没有信心；（5）很没有信心。

13. 您对当前我国政府食品安全监管工作的满意程度如何？（1）非常满意；（2）比较满意；（3）一般；（4）不太满意；（5）非常不满意。

14. 您认为造成我国当前食品安全问题的主要原因是（可多选，但不超过3项）：（1）法规体系不够完善；（2）食品安全监管体系不健全；（3）现有法规得不到很好执行或政府不作为；（4）政府监管力量太弱；（5）惩罚力度不够；（6）食品生产经营者缺乏道德约束；（7）人民群众的食品安全知识缺乏；（8）其他________。

15. 您认为自己掌握的食品安全知识程度如何？（1）非常多；（2）比较多；（3）一般；（4）比较缺少；（5）非常缺少。

16. 您的食品安全知识主要来自（可多选，但不超过3项）：（1）亲友介绍与生活经验；（2）读书看报；（3）电视广播；（4）电脑网络；（5）手机网络；（6）政府等部门的宣传培训；（7）其他________。

17. 您对当前我国县（区）乡（镇、街道）等基层政府食品安全监管的满意程度如何？（1）非常满意；（2）比较满意；（3）一般；（4）不太满意；（5）非常不满意

18. 您是否相信政府食品安全监管部门发布的食品安全信息？（1）非常信任；（2）比较信任；（3）一般；（4）不太信任；（5）完全不可信。

19. 您是否相信消费者协会、行业协会等社会组织机构发布的食品安全信息？（1）非常信任；（2）比较信任；（3）一般；（4）不太信任；（5）完全不可信。

20. 您认为现在政府及有关部门发布的食品安全信息是否丰富？（1）非常丰富；（2）比较丰富；（3）一般；（4）比较少；（5）非常少。

21. 您认为村委会/社区居委会等基层组织在食品安全治理中的作用如何？

（1）非常重要；（2）比较重要；（3）一般；（4）用处不大；（5）基本无用。

22. 您认为在城市社区与农村设置食品安全协管员（信息员）对食品安全治理的作用如何？（1）非常重要；（2）比较重要；（3）一般；（4）用处不大；（5）基本无用。

23. 您是否了解我国的食品安全有奖举报制度？（1）非常了解；（2）比较了解；（3）一般；（4）不太了解；（5）完全没听说过。

24. 您认为有奖举报制度在食品安全监管中的作用如何？（1）非常重要；（2）比较重要；（3）一般；（4）用处不大；（5）基本无用。

25. 您认为我国食品安全有奖举报的奖励力度如何？（1）非常大；（2）比较大；（3）一般；（4）比较小；（5）非常小；（6）不清楚。

26. 您是否知道食品安全举报电话？（1）不知道；（2）听说过，但没记住；（3）知道。

27. 您是否拨打过"12331"食品安全举报电话？（1）打过；（2）没有。

28. 您是否拨打过其他举报电话举报食品安全问题？（1）打过；（2）没有。

29. 您认为现有的食品安全举报方式或渠道是否方便？（1）非常方便；（2）比较方便；（3）一般；（4）不太方便；（5）很不方便。

30. 综合来看，您认为下列食品安全举报方式哪种最方便且有效？（1）电话；（2）网络；（3）信件；（4）走访；（5）微信、微博等新型通信方式；（6）其他。

31. 您认为政府是否能够严格保护举报人的隐私以避免举报者受到打击报复？（1）肯定能够严格保护；（2）应该能够保护好；（3）一般或者说不清；（4）可能做不到严格保密；（5）很难真正做到严格保密。

32. 您认为食品安全举报的主要阻碍因素是什么（可多选，但不超过3项）？（1）奖励力度太小；（2）担心打击报复；（3）举报后政府监管部门也不作为；（4）政府监管人员可能会泄露举报人信息；（5）举报不方便；（6）不知道如何举报；（7）其他________。

33. 如果您在餐厅发现存在食品安全问题（如卫生状况不达标或饭菜变质），您是否会向政府食品监管部门举报？（1）肯定会；（2）应该会；（3）不好说；（4）可能不会；（5）一定不会。

后　记

《食品安全治理体系现代化》是基于中国特色的地方政府负总责的制度安排，探讨中国食品安全风险治理的学术成果。本书得到北京交通大学经济管理学院赵坚教授、江南大学食品安全风险治理研究院吴林海教授主持的国家社科重大招标课题“中国食品安全风险共治”课题组，以及曲阜师范大学尹世久教授等的指导和帮助，在此表示衷心的感谢。

食品安全监管是一个涉及管理学、经济学、社会学、政治学、系统工程、食品科学与工程等多个学科的现实问题。本书旨在从经济学角度对该问题加以研究。由于缺少其他学科理论和知识的支撑，具体的研究结论是否与客观实际相吻合尚需要时间和进一步的研究进行检验。此外，由于作者本人的水平所限且时间仓促，书中难免会出现错误，欢迎批评指正。

牛亮云

2019 年 8 月

图书在版编目(CIP)数据

食品安全治理体系现代化 / 牛亮云著. -- 北京 :
社会科学文献出版社，2020.9
ISBN 978-7-5201-6592-1

Ⅰ.①食… Ⅱ.①牛… Ⅲ.①食品安全-安全管理-
研究-中国 Ⅳ.①TS201.6

中国版本图书馆 CIP 数据核字(2020)第 069097 号

食品安全治理体系现代化

著　　者 / 牛亮云

出 版 人 / 谢寿光
组稿编辑 / 恽　薇
责任编辑 / 宋淑洁
文稿编辑 / 李肖肖

出　　版 / 社会科学文献出版社 · 经济与管理分社（010）59367226
地址：北京市北三环中路甲 29 号院华龙大厦　邮编：100029
网址：www.ssap.com.cn
发　　行 / 市场营销中心（010）59367081　59367083
印　　装 / 三河市龙林印务有限公司

规　　格 / 开　本：787mm × 1092mm　1/16
印　张：14　字　数：219 千字
版　　次 / 2020 年 9 月第 1 版　2020 年 9 月第 1 次印刷
书　　号 / ISBN 978-7-5201-6592-1
定　　价 / 88.00 元